大人的
理科教室

構成物理・化學基礎的 *70* 項定律

涌井貞美／著

陳識中／譯

前言

　　現代是一個科學很有趣的時代。

　　19世紀、20世紀建構的基礎研究百花齊放，在各個領域開花結果。用燃料電池驅動的電動車、外表幾可亂真的機器人、夏涼冬暖的新纖維材質、可以與人對話的人工智慧等，不勝枚舉。

　　不僅如此，這些新科技與人類的經濟活動緊密相連，因此常常成為主流媒體爭相報導的話題。各種專業的科學用語理所當然似地占據了新聞報紙的版面。例如「稀土金屬是製造強力磁鐵不可少的元素」、「中央新幹線運用了超導馬達」、「比鐵更堅固的碳纖維材質將改變汽車產業」、「高效率半導體雷射可降低液晶電視25％的能耗」等等，在50年前還完全無法想像，需要高度科學知識的新聞，開始理所當然地滿天飛舞。

　　不想在這樣的時代中被知識壓垮、被資訊淹沒，人們必須擁有一定程度的科學素養。人們愈來愈需要對「事物是基於何種原理運作」和「世界是以什麼方式構成」等科學常識有個概略的理解。

　　雖然聽起來好像很麻煩，但只是理解大致原理的話，其實並沒有想像

中的困難。這是因為，在現代開花結果的都是19～20世紀的科學，也就是我們在高中學到的科學。

　　本書的目的，只是以「定律、原理、公式」為切入點，重新「複習」一遍這些基本的部分而已。而且，不是草草地將各種名詞解釋一遍，而是多方面透過各種例子反覆說明。同時，還會示範這些定律、原理是如何被運用在日常生活中，幫助讀者更具體地理解它們。

　　21世紀的科學技術，將以過去人類建立的定律和原理為基石，以前所未見的速度快速發展。為了不被這波浪潮淹沒，理解科學的基礎知識是必不可少的。而本書若能為此盡一份心力，便是筆者最大的榮幸。

　　另外，最後筆者想借此對從本書的企畫階段開始便提供了諸多指導的Beret出版社的坂東一郎先生，以及編集工房シラクサ的畑中隆先生致上感謝之意。

2015年夏　作者

Contents

第3章

理解「電」就能
理解近代科技的基礎

Contents

第 4 章

探究氣體、液體、固體的定律

第 5 章

搞懂化學反應就會愛上化學！

第6章

從量子的世界到相對論

序章

——理解物理、化學從「定律、原理、公式」開始

　　本書將以古希臘阿基米德的時代到20世紀前半葉為重心，介紹與「物理、化學」相關的知名「定律、原理、公式」。因此，即使已不記得具體內容，大家也應該都聽過本書要介紹的定律、原理和公式的名稱。

　　例如聽到「槓桿原理」這個詞，比起具體的內容，大部分的人腦中浮現的應該是小學時代的回憶。

● 定律、原理、公式的差別

　　不同於數學和邏輯學，科學的世界對定律、原理和公式這些詞彙並沒有嚴格的區分。話雖如此，我們仍可藉由下方的（例題）了解這3個名詞大略的使用方式。

　　（例題）請從右列選出最適合接續左列的詞句。

　　（1）說明宇宙的　　　　（A）公式。
　　（2）說明機械的　　　　（B）原理。
　　（3）說明解題的　　　　（C）定律。

　　雖然答案可能會因上下文的使用情境而異，但相信大部分的人會寫出下列答案。

　　說明宇宙的　定律。
　　說明機械的　原理。
　　說明解題的　公式。

　　一如這3個名詞給人的語感，「定律」指的是最基本的真實，「原理」指的是事物的運作機制，而「公式」則是可從原理和定律歸結出來的東西。這3個名詞的共通之處，是它們都代表、總結了關於這個世界的基

礎。

　　眾所周知，即使只限定在20世紀初葉為止的物理和化學領域，也能羅列出數以萬計、令人眼花撩亂的知識。因此，對這些定律、原理及公式若能有縱貫的理解，對於知識的整理和貫通非常有幫助。不僅如此，在遇到新的知識時，也會更容易理解。

■古典時代的定律、原理、公式
　　科學史上許多在20世紀初葉前建立的定律、原理和公式，從現代的角度來看有很多不合時宜的地方。例如前面提到的「槓桿原理」，從現代的角度來看其實是無法稱為「原理」的基本定理。因為槓桿原理其實可以用牛頓的運動方程式來說明。

　　此外，18世紀發現的「每種化合物的組成元素的質量比固定不變」的「定比定律」，在原子和分子等物質基本單位早已成為常識的現代看來，也是完全不足以稱為定律的廢話。

　　然而，它們之所以在歷史上被冠以定律、原理、公式等稱號，是因為它們的確是匯集了當代才智才確立的革命性發現。就像「槓桿原理」，若沒有這項發現，就不會有後來各種動力機械的發明。而多虧了「定比定律」的發現，我們才能確定原子和分子等物質基本單位的存在。

　　就這層意義來說，掌握科學史上著名的定律、原理和公式，不論對文科或理科生而言都是非常重要的。當然，想理解現代科學，就絕對不能不知道20世紀初葉前的科學知識。

■現代是20世紀初葉知識的收割期

　　現在，物理和化學界正迎來過去學識的收割期。劃時代定律的發現愈來愈少，但舊有知識的應用卻一個又一個地開花結果。因此，重新彙整20世紀初葉前的知識對未來將非常有幫助。請各位一起透過本書，再次找回現代與過去的接點吧。

第1章

中小學教過的
基本定律

槓桿原理

—— 將小力化大力的機制，那就是「槓桿」原理

　　「槓桿」的日文漢字寫做「梃子」或「梃」，是日本人平常很少見到的名詞。然而，槓桿原理卻是從遠古時代就存在於人類的日常生活中，發揮了很大功效的重要原理。

施力點・支點・抗力點

　　首先來看看最簡單的「槓桿」形式，也就是一根木棒。這種形式的槓桿常常被人們用來抬起重物。將重物掛在木棒的一端，再把支點放在靠近重物的那側，然後人後站在木棒另一端施加力道。如此一來，只需要用些許力量就可撐起重物。這就是**槓桿原理**。能將一根普通的木棒化為便利工具，多麼讓人感動啊。

抗力點　　支點　　施力點

重物　　　支撐　　　↓用微弱的力量
　　　　　　　　　　即可撐起

　　一如上圖所示，「槓桿原理」有3個很重要的點。也就是施加力量的點、支撐槓桿的點、以及抗力作用於槓桿的點。這3個點依序稱為**施力點、支點、抗力點**。

槓桿原理的具體應用範例

　　「槓桿原理」被運用在很多地方。下面就讓我們以腳踏車為例，看看腳踏車有哪些地方用到了槓桿原理吧。首先能看到的，是控制車輪方向的方向桿、剎車以及負責轉動車輪的踏板和齒輪。這些零件的施力點都在遠

離支點位置，可以只用很小的力量就產生極大的作用力。

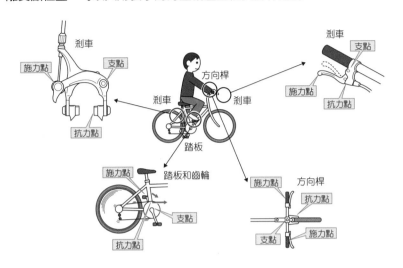

　　即使不用腳踏車這麼複雜的結構當例子，我們身邊也可以找到很多應用槓桿原理的事物。例如文具的剪刀、易開罐的拉環、門把、鐵撬等等。

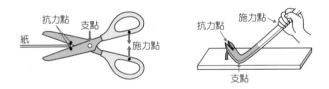

以數學表現槓桿原理

　　接著讓我們用數學的形式來呈現「槓桿原理」吧。物體在開始移動前的狀態，可以表現成以下的關係式。

若作用在施力點、抗力點上的力依序為 F_1、F_2；且支點到施力點、支點到抗力點的距離依序為 x_1 和 x_2，則

$$F_1 \times x_1 = F_2 \times x_2$$

最近常被討論的「雙槓桿打孔機」

　　最近日本有個文具非常有名。那就是利用了2個槓桿，能比一般的打孔機用更小的力量，打穿更多、更厚的紙的文具。文具生產商將這種打孔機取名為「雙槓桿打孔機」，透過下圖可以了解其運作原理。

〔雙槓桿打孔機〕

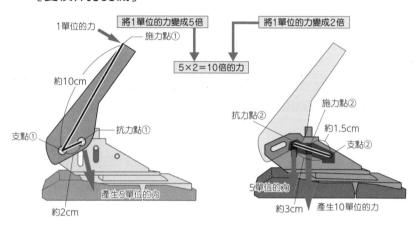

　　左圖是第1段的「槓桿」。用外側的握把來施力。運用「槓桿」原理，在施力點1施加1單位的力量，可以在抗力點1產生約5單位的作用力。而右圖所示的第2段「槓桿」則藏在外側握把的裡面。第1段「槓桿」的抗力點，正好是第2段的施力點2。在第2段「槓桿」中，依照「槓桿」原理，可將施加於施力點2的5單位力量，在抗力點2轉變成10單位的作用力。如此一來，一開始施加的1單位力量就能增加成10倍。

「槓桿原理」在經濟學中的運用

　　「槓桿」的英文是lever。在現代，英文的槓桿或許比中文的槓桿更令人熟悉。最近在財經新聞上常常可見「槓桿倍率」等詞彙。像是「金融廳主導的外匯保證金槓桿倍率（leverage）管制自2011年8月起降為25倍以下」。

　　Leverage是指運用了「槓桿原理」的裝置或結構，但在金融交易領域則被用來指稱可用小額資本操作高額買賣的交易方式。以下就讓我們藉由在日本俗稱FX的外匯保證金交易（Foreign Exchange），來看看金融

界的槓桿是什麼意思吧。

　　假設現在美元對日幣的匯率是1比100，此時100日圓可買到美金1塊錢。然而，若運用金融廳規定的最高槓桿倍率25倍的話，則100日圓可購買的美金就會變成1×25＝25塊錢。用100日圓可以買25塊美金，代表可以操作2500日圓份的美金。而假設現在我們買了25萬美金後，匯率從1比100變成1比101。那麼我們手上的美金價值就變成了25萬×101日圓＝2525萬日圓，賺得了25萬日圓的價差。僅靠1日圓的匯率變化就賺了25萬日圓的收益。就像用1單位的施力產生25單位作用力的「槓桿」一樣。由此可見，「槓桿」原理也以抽象化的形式活躍在現代的日常生活中。

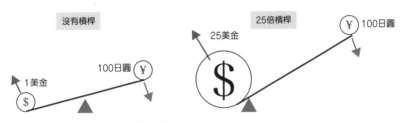

（注）假設匯率是1美金兌100日圓。

金融交易中的「槓桿原理」（leverage），指的是可用極少的手頭資金進行高額交易的機制。

挑戰題

〔問題〕請問右圖中，在棒子的右端施加1單位的力量時，位於左端的物體會受到幾單位的作用力？

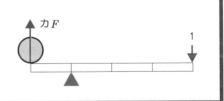

[解] 將施力點施加的力道1，和支點到施力點的距離3相乘，可得1×3＝3。而抗力所受的作用力為F，從支點到抗力點的距離為1，兩者相乘為$F×1＝F$。根據槓桿原理，兩者的乘積應相等，故$F＝3$。（答）

§**2**

摩擦定律

—— 從金字塔建造的時代研究至今的重要定律

　　摩擦是最貼近日常生活的物理現象之一。我們之所以能走在馬路上，就是因為鞋底和路面的摩擦。腳踏車或汽車能剎車也是多虧了摩擦。

摩擦的種類

　　「摩擦」的「摩」和「擦」二字都是「接觸」的意思。實際上在物理學中，摩擦正是物體和物體接觸並移動時產生抗力（＝摩擦力）的現象。摩擦可分為**靜摩擦**和**動摩擦**兩種，而動摩擦又可分為**滑動摩擦**和**滾動摩擦**。此外，靜摩擦又稱**靜止摩擦**。

　　讓我們用「以手指推動放在書桌上的厚重書本」這個簡單的實驗來看看什麼是摩擦力（左下圖）。一開始先輕輕推動，書本當然一動也不動。然後我們慢慢增加力量，直到超過某個程度後，書本便會突然往前滑，接下來即使只用一點點力氣也能繼續把書本往前推。這個力量大小的變化可用右下圖表現。

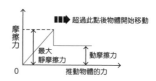

　　在這個實驗中，在書本動起來前阻止它移動的力就是靜摩擦力。而在書本動起來後，指尖感受到的阻力則是動摩擦力（本例中為滑動摩擦力）。

阿蒙頓－庫侖摩擦定律

從剛才的實驗，我們可以得知**靜摩擦力大於動摩擦力**的定律成立。

其實，關於動摩擦力，數百年前就開始有人在研究了。像是舉世聞名的李奧納多‧達文西（1452～1519）就曾研究過摩擦力。其中尤以阿蒙頓（1663～1705）和在電學領域相當知名的庫侖（1736～1806）重新發現的經驗法則最為有名。

---

①摩擦力與物體的重量成正比。
②摩擦力與兩物體的接觸面積無關。
③摩擦力與物體的移動速度無關。

這個經驗法則俗稱**阿蒙頓－庫侖摩擦定律**。

①的意思是，同樣的物體若重量變成2倍，則摩擦力也會變成2倍（下圖①）。②則是說相同的物體，無論如何改變接觸方式，摩擦力的大小都不會改變（下圖②）。

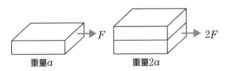

① 若重量變2倍，摩擦力也變2倍

重量a　　　重量$2a$

② 摩擦力與底面積無關

而③則是研究過各種動摩擦現象後歸納出的定律（右圖）。

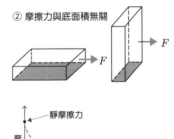

靜摩擦力

摩擦力

動摩擦力

速度

摩擦力的成因

關於摩擦力的成因，科學家們自古以來就一直在研究，大家可用以下的方式理解。

所有物體的表面都有細微的凹凸起伏，而在移動物體時，兩物表面的

凹凸不平處會互相卡住，所以需要一定的力量才能拆開。然而，當物體動起來後，這些表面的凹凸處就分開了，摩擦力也跟著一口氣減少。如此即可解釋為何動摩擦力比靜摩擦力小。

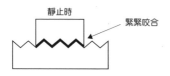

靜止時　緊緊咬合

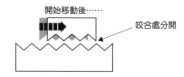

開始移動後……　咬合處分開

近年，科學家們在原子和分子的層級揭開了這些凹凸的真面目。原來兩物體的表面在肉眼看來即使彼此緊貼，但在顯微鏡下其實只有一小部分是緊密相接的。一般認為，這一小部分接觸面上的分子相黏和崩壞的現象，就是摩擦力產生的原因。

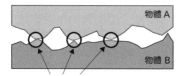

物體 A
物體 B
物體接觸、緊連的部分

肉眼所見的接觸面積與實際接觸面積
一般認為實際接觸部分的相黏和崩壞現象導致了摩擦力。

摩擦力對策

　　一如開頭所述，沒有摩擦力的話，我們就無法正常地生活。然而，摩擦力同時也是個麻煩。因為它使我們浪費不必要的力氣。

　　例如，古代人為了建造金字塔，需要從遠方搬運很多大石頭。而根據「摩擦力與物體重量成正比」（阿蒙頓－庫侖摩擦定律），想搬動這麼重的石頭，就需要很大的力量。

摩擦力變小了！　　輕輕鬆鬆
滾木　　滾木　　修羅（橇）的一種

左圖是利用滾輪搬石材的模樣。右圖則是日本古墳時代用來搬運巨石的修羅。原理是在橇板下放置滾木運送。

　　因此，古人為了對抗摩擦力而發明了滾輪，利用了滾動摩擦力遠比滑動摩擦力小的經驗法則。這個滾輪的原理也曾被飛鳥時代的古代日本人用來打造石造舞台。當時的人們會把巨石放在一種名為「修羅」的搬運器材上，然後用滾木拖行。

　　這個原理也同樣運用在現代文明中。最代表性的發明就是軸承。一如其名，「軸承」就是裝在輪子和車軸的接觸面上，讓輪子轉動更加滑順的零件。藉由在車軸和接觸面塞入可轉動的零件（其實就是滾輪），將滑動摩擦變成滾動摩擦。

代表性的軸承設計。圖中這種叫做「滾珠軸承」。

　　此外還有一個非常有名的摩擦對策，就是潤滑油。實際上，在物體的接觸面塗上潤滑油，也的確能使物體移動得更滑順。

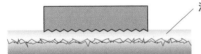

潤滑油

一般認為潤滑油的原理是填平物體表面的凹凸，使物體可滑順移動。

挑戰題

〔問題〕a、b、c為3個材質相同的立方體。請問b、c的動摩擦力為a的幾倍？

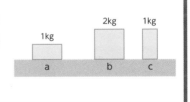

[解]　假如摩擦定律成立，則摩擦力與物體重量成正比，但與接觸面積無關，故答案依序為2倍和1倍。（答）

§3

作用力與反作用力
—— 以牙還牙的日常定律

　　牛頓在其巨著《自然哲學的數學原理》中，提出了決定物體運動的三大運動定律。第一定律是「慣性定律」（§11），第二定律是運動方程式（§16），第三定律便是「作用力與反作用力」。本節要探討的就是「作用力與反作用力」。

何謂作用力與反作用力

　　當物體A推動或拖曳物體B時，B也會推動和拖曳A。當兩物體互相作用時，必然會出現相反成對的力量。此時主動方就叫**作用力**，而另一方則叫**反作用力**。這2種力使下述的**作用力與反作用力**定律得以成立。

> **兩物體作用於彼此的作用力和反作用力，「永遠處於一條直線上，且大小相等，方向相反」。**

　　想感受反作用力最簡單的方式，就是用手推推看牆壁。你的手馬上就能感覺到與你推牆力道相等的反作用力。

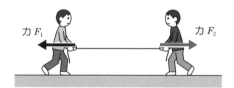

感受反作用力
用手推壓牆壁，就能感受到反作用力。

作用力與反作用力
兩物體互相作用時，依照作用力與反作用力定律，必然會出現另一個相反成對的力。

驗證作用力與反作用力

作用力與反作用力是非常貼近我們生活的物理定律。讓我們以下面的例子來驗證看看。

（例1）2個彈簧秤

想驗證作用力和反作用力的大小是否相等，可以把2個彈簧秤以反方向掛在一起，然後往兩邊拉拉看。如此就會發現2個彈簧秤的指針總是指在相同位置。

A和B的指針停在相同位置。

（例2）利用小船

在池子裡用小船體驗作用力與反作用力更加有趣。首先將2艘小船排成直線，然後推推看對方的小船。你會發現自己和對方的小船都分別往反方向移動。明明是你去推動對方，自己的小船卻也被對方推走＝出現反作用力。

推動小船時的運動

對對方的小船施力的話……

往後　　往後

不只對方，連自己也會跟著動

鳥類的飛行也是靠作用力與反作用力

鳥類能在天上飛，靠的也是反作用力。鳥類拍動翅膀時，可以從空氣中得到反作用力。就像人類推擠牆壁時，會受到牆壁的反作用力是一樣的道理。鳥類正是靠著這股反作用力起飛的。

從空氣得到反作用力

振翅時推擠空氣（作用力）

靠作用力與反作用力飛行的火箭

　　那麼在真空的宇宙中，火箭又是如何產生推進力的呢？其實火箭飛行的原理跟前面（例2）中推小船一模一樣。火箭是藉由排出燃燒室產生的高溫高壓氣體，用反作用力推進的。順帶一提，這種高溫高壓的氣體就相當於（例2）中對方的小船。

反作用力

燃燒

作用力

火箭是靠作用力與反作用力飛行的
藉由向後噴出燃燒過的高速氣體，產生反作用力，火箭才能在宇宙中前進。

寶特瓶火箭

高壓空氣

水

反作用力

噴出水

作用力

　　想理解火箭飛行的原理，最好的方法就是寶特瓶火箭。寶特瓶火箭用噴水代替真實火箭的燃氣。靠著噴水的反作用力，寶特瓶火箭才能一飛衝天。

帆船可逆風前進的原理也是反作用力

　　很神奇的，帆船即使逆風也能往前進。其中的祕密也是利用了反作用力。原理請見下圖。

　　如圖示在風中以此角度展開風帆。風力作用的方向會與帆的曲面垂直。而作用於帆面的力 F 則可分解成往前的力 F_1 和與其垂直的 F_2。

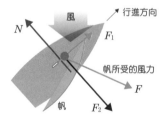

風

行進方向

N

F_1

帆所受的風力

F

帆

F_2

帆船可以逆風而行的原因
帆所受的風力 F 可分為前進方向 F_1 和垂直方向的 F_2，但垂直方向的 F_2 會被反作用力 N 抵消。因此，只會剩下前進方向的 F_1 在作用，使船體朝風向的斜角移動。

　　然而，力F_2把船體推向海水，會使船體受到來自海水的反作用力N。而根據作用力與反作用力的定律，N跟F_2會互相抵消，所以船體只會受到前進方向的力F_1。所以，帆船會朝風的來向斜角前進。

　　但一直朝斜角前進，是無法逆風到達目的地的。因此，帆船運用的是一種名為搶風（Tacking）的航行技巧，在逆風中以Z字形路徑朝目的地前進。

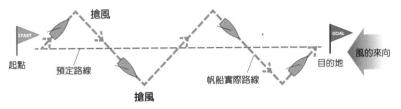

目的地在上風處時，必須不斷改變船帆風向以Z字形前進。
這種航行方法叫做搶風。

挑戰題

〔問題〕若有2人站在滑板上各拉著1條繩子的兩端，當其中1人拉動繩索時，這2人分別會如何移動？

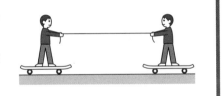

［解］　根據作用力與反作用力的定律，2人會直線朝彼此等距離移動。（答）

附註

太陽與地球的作用力與反作用力

　　太陽與地球相隔十分遙遠，卻能互相牽引，那麼這種牽引是否符合作用力與反作用力的定律呢？現代，科學家們認為太陽是透過真空中的假想粒子傳遞作用力，而這種力的傳遞也適用作用力與反作用力的定律。因此這種假想粒子也能傳到地球，產生作用力與反作用力。這種力的傳遞理論就是場論（§29）。

§4

靜力平衡
—— 合力是靜力平衡的關鍵

　　明明有受到外力，物體卻沒有改變位置、靜止不動，就稱為「靜力平衡」。意謂外表看上去沒有受到外力作用的狀態。本節我們要從質點來探討力的關係。另外，「質點」指的是具有質量，但可無視其形狀大小的小物體。

力的三要素與有向線段

　　想了解一股力會對物體產生什麼樣的作用，就必須先確定「力的大小」、「力的方向」以及「力的作用點」這3個要素（力的三要素）。此外，通過作用點沿著力的方向直線延伸出去的線稱為作用線。

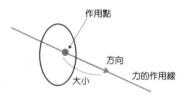

力的三要素
要完整描述一股力，就需要「力的大小」（使了多少力）、「力的方向」（朝哪邊推）、「力的作用點」（在哪裡推）等三要素。

　　這三要素任何一者出現變化，力對物體產生的作用也會改變（但當多股力量達成靜力平衡，靜止不動時，無論作用點位於作用線上哪個點，力的效果都不會改變）。
　　一如上圖所示，力最適合用箭號來表現。這個箭號在數學上稱為有向線段，可以清楚地表現出力的三要素。

力的表現與向量

　　而無視作用點，只討論方向和大小的量，在數學上稱為向量。雖然常常有人「用向量來描述力」，但這種表現其實並不正確。因為必須同時具

備「作用點和向量」兩者的資料才能完整描述力。

向量是具有方向和大小的量
左圖雖然是2條不同的箭號（有向線段），但從向量的角度來看卻是同一條線。

力的合成和分解

2個不同的力可以被整合1股力，這就叫**力的合成**。如下圖所示，只要以2股力為相鄰的兩邊，畫出平行四邊形，再連接對角線，就能將2股力合而為一。這個合成的定律就是**平行四邊形定律**。

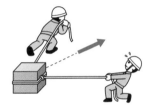
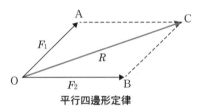

平行四邊形定律

相反地，1股力也可以拆解成2股力。比如放置在斜面上的物體所受的重力，便可以用平行四邊形定律拆解成與斜面平行和與斜面垂直的兩股力。這就叫**力的分解**。

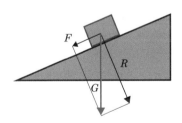

力的分解
令人驚訝的是，「力可以被分解」的概念，早在古希臘時期就已經被人發現。順帶一提，當斜面的坡度為30°時，左圖的 F 剛好會是重力 G 的一半。

那麼，接著來看看什麼是「靜力平衡」吧。本節我們會用可以無視體積大小的物體（即質點）來探討靜力平衡的條件。但其實需要考慮體積大小的物體，在大多數情況下也可以簡化成只考慮作用在重心上的力，所以最後還是會回到質點的問題。

一如本節最開始說過的，當物體受到外力作用，卻沒有任何位移、靜止不動時，就稱為「靜力平衡」。現在假設有2股力F、G，以下圖所示的方式作用於質點P上。此時，若想使質點P靜止不動，則力F、G必須滿足「方向相反，大小相等」的條件。換言之，2股力的合力必須是0才行。

$$F \longleftarrow \underset{P}{\bullet} \longrightarrow G \qquad 力F、G彼此平衡。$$

這句話用數學的形式呈現，就是代表這2股力的向量F、G的和等於0。

$$F+G=0$$

而普遍化的描述，就是下方的**靜力平衡方程式**。

作用於質點的多個力F_1、F_2、F_3、……F_n達成靜力平衡的條件為

$$F_1+F_2+F_3+\cdots+F_n=0$$

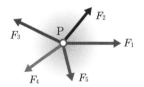

質點P靜止不動，也就是質點P處於靜力平衡的狀態時，

$$F_1+F_2+F_3+F_4+F_5=0$$

這個和即是合力的和＝向量的和。

靜力平衡的條件與力多邊形

接著讓我們把上圖的5條箭號首尾相接起來，如此便可畫出一個封閉的多邊形（如右頁上圖）。換言之，若達成靜力平衡，所有的有向線段連

起來後就會回到原點。所以說，若把所有力的頭尾相連起來，會形成一個封閉的多邊形的話，就代表所有作用於質點的力達成靜力平衡。這個多邊形就稱為**力多邊形**。

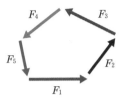

力多邊形
將描述力的箭號首尾相連後，若達成靜力平衡，就能畫出一個封閉的多邊形。

靜力平衡以及作用力與反作用力

「靜力平衡」和「作用力與反作用力」有時很容易被混淆。讓我們從右圖來看看兩者的差別。

「作用於蘋果的重力」G和「樹枝拉住蘋果的力」T兩者為靜力平衡的關係。而「樹枝拉住蘋果的力」T和「蘋果拉住樹枝的力」則是作用力與反作用力的關係。

這2種力的關係雖然都可說是方向相反的力，本質卻大不相同。因為靜力平衡指的是作用在1個物體（蘋果）上的2股力，但作用力和反作用力卻是作用在不同物體上的2股力。

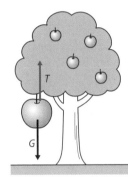

挑戰題

〔問題〕假設書桌上有本靜止的書。請分析這本書受到哪些力的作用，又是否為靜力平衡的狀態。

[解]　書本同時受到向下的地心引力，和書桌向上支撐的抗力作用。這兩者作用在書本重心的力的總和，大小相等且方向相反，換言之合力為0。（答）

滑輪的原理

—— 滑輪可輕鬆抬起重物的原理

本節讓我們來探討建築工地常用的滑輪的作用原理。

定滑輪與動滑輪

滑輪有很多種類，但從力學的角度來看，可以大略分為下圖的定滑輪和動滑輪2大類。定滑輪指的就是固定不動的滑輪；而動滑輪則是可透過拉伸安裝在滑輪上的繩索或鐵鍊等（後文統一用繩索稱之）自由移動的滑輪。

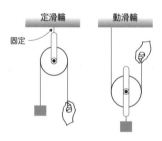

定滑輪與動滑輪的基本定義
定滑輪的滑輪是固定不動的，相反地動滑輪的滑輪則可以移動。

定滑輪原理

從上圖所示的定滑輪的結構可以看出，用定滑輪拉起1kg的物體，想當然耳就需要使出1kg的力。換言之，定滑輪具有下述的性質，稱之為定滑輪原理。

> 定滑輪可改變拉動繩索的力的作用方向，但無法改變作用於物體的力之大小。

所有的定滑輪都滿足上述的性質。而「可以改變拉動繩索的力的作用

方向」這點，在運用下面即將介紹的動滑輪時將非常有用。換言之與動滑輪的配合才是發揮定滑輪真本領的時候。

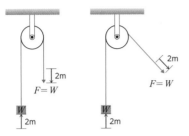

定滑輪的原理
想拉起重量為W的物體，依然需要使W的力。然而，定滑輪可以改變施力的方向。

動滑輪原理

請看前頁動滑輪的示意圖。動滑輪是由繩索從兩側吊起的，所以物體的重量會平均分攤到繩索兩側。換言之，**動滑輪原理**如下。

> 運用1個動滑輪，可以只用物體重量「一半的力」就移動物體。

由於動滑輪的軸不是固定的，所以拉伸繩索時，滑輪的位置也會跟著上下移動。若忽略滑輪和繩索的質量，則用動滑輪提起1件物體所需要的力，將只有該物體重量的一半。但相對地，想用動滑輪將物體抬高1m，需要拉動繩索2m（右圖）。

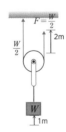

組合滑輪

滑輪可以用在很多地方。而大部分的時候，滑輪裝置都是由多個定滑輪和動滑輪組合而成的。因為藉由這種方式，可以只用些許力量就抬起數倍重的物體。不僅如此，還可自由選擇施力的方向。下面就讓我們看看幾個代表性的例子。

（例1）定滑輪和動滑輪各1

　　假設作用於貨物的重力為W，而拉動繩索的力為F。從右圖可知，作用在貨物上的重力W，通過動滑輪A後只剩下一半的$W/2$，故力F為

$$F = \frac{W}{2}$$

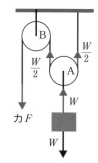

（例2）定滑輪與動滑輪各3

　　如同（例1），作用於貨物的重力為W，而拉動繩索的力為F。拉力F作用在動滑輪上的力總計是$6F$，故

$$W = 6F$$

因此，要拉起貨物所需的力為$\dfrac{W}{6}$。

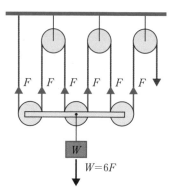

（例3）吊車的滑輪與組合滑輪

　　建築工地常見的吊車上也用了很多滑輪。實際上，（例2）中的滑輪也是其中之一。基本的原理是滑輪的數量愈多，就能用愈小的力吊起愈重的東西。這種複雜的滑輪叫做**組合滑輪**。吊車能輕鬆把沉重的鋼筋吊上高處也是這個原理。

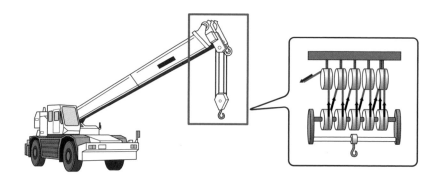

挑戰題

〔問題〕試求下圖滑輪中的拉力 F_1、F_2 分別為多少。W 為貨物所受之重力。

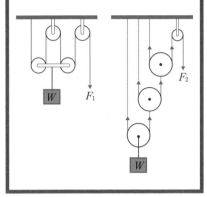

[解]　如下圖，依序為 $W/4$、$W/8$。（答）

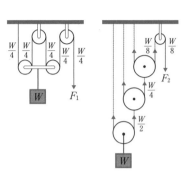

附註

輪軸

　　輪軸是一種跟滑輪很類似的東西。動滑輪是靠將貨物的重量分散到繩索兩端來省力，而輪軸則是靠槓桿原理來省力。右圖所示的原理，可寫成以下公式。

$$r \times W = R \times F$$

由此可知，外力 F 會小於貨重 W。

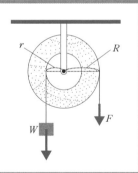

帕斯卡定律

—— 沒有這個定律，汽車就無法剎車

　　聽到帕斯卡，多數人第一個想到的可能是氣象預報常說的氣壓單位「百帕」，或是說過「人只是一枝會思考的蘆葦」這句名言的哲學家。除此之外，可能還有人會想到高中數學教過的「帕斯卡三角形」也說不定。但在布萊茲·帕斯卡（1623～1662）的眾多成就中，最有名的應該還是「帕斯卡定律」吧。

什麼是帕斯卡定律

　　帕斯卡定律的內涵可用一句話總結如下。此處所說的壓力，指的是每單位面積所承受來自流體的力。

> 對密閉容器中的靜止流體任一點施加壓力，會使流體的所有部分都受到同樣大小的壓力。

　　雖然聽起來很難懂，但這其實是日常生活中隨處可見的定律。例如吹氣球。當我們從嘴巴把氣吹進氣球時，氣球會膨脹成球形。但為什麼是球形呢？這就要用帕斯卡定律去解釋。因為吹氣的壓力對氣球內壁的每個點產生同等大小的壓力，所以氣球才會鼓成球狀。

氣球之所以膨脹成球形，背後的原理就是帕斯卡定律。

雖然氣球裡裝的是空氣，但換成液體也是一樣的道理。例如把氣球裝滿水後，隨機在水球表面各處用針刺出幾個小洞，然後在任意部位用手指按壓水球，水就會以同樣的力道從各個針孔噴出。這是因為手指對水球施加的壓力均等地傳至所有針孔，將水從孔洞擠出。

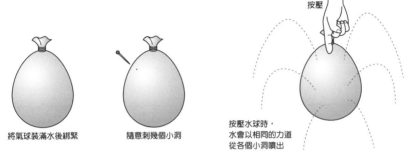

將氣球裝滿水後綁緊　　隨意刺幾個小洞

按壓

按壓水球時，
水會以相同的力道
從各個小洞噴出

帕斯卡定律的應用

「對任1點施加壓力，流體中的所有部分都會受到相等大小的壓力」，是一種非常好用的性質。因此以前的人們運用帕斯卡定律發明了很多裝置。其中最有代表性的就是液壓裝置。最貼近我們生活的液壓裝置，就是汽車的剎車。我們之所以能輕輕一踩就停住高速行駛的1t重鐵塊，都是多虧了這個裝置。

液壓裝置的帕斯卡定律應用如同下圖所示。

將兩個截面積分別為$1cm^2$和$5cm^2$的圓筒如下圖連接，然後倒滿液體，用可忽略重量的平坦可移動的封蓋密封。接著，在左邊的蓋子放上1kg的重物，在右邊的蓋子放上5kg的重物。如此，兩邊將會達成平衡。這是因為施加在左蓋上的1kg力將造成$1kg/cm^2$的壓力，並遵守帕斯卡

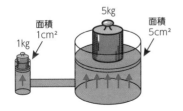

面積
$1cm^2$

1kg

5kg

面積
$5cm^2$

液壓裝置的原理
根據帕斯卡定律，左側截面積$1cm^2$的筒蓋放上1kg重物所施加的力，會在右邊截面積$5cm^2$的筒蓋上產生5×1kg重的力。力量將放大成5倍。

定律，對容器的其他任意點傳遞同等大小的壓力。因此右蓋所受的力等於面積×壓力（＝5×1kg/cm²），剛好可以支撐5kg的重物。

運用類似的設計和原理，想把力放大幾倍都沒問題。而**千斤頂**運用的正是這個原理。此外推土機和吊車也同樣都有液壓裝置。

東京巨蛋也應用了帕斯卡定律

帕斯卡定律也被運用於巨蛋球場。例如東京巨蛋的屋頂就是靠空氣支撐的。這個支撐力完全依循帕斯卡定律。

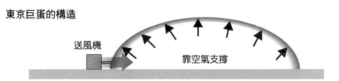

東京巨蛋的構造

送風機　　靠空氣支撐

東京巨蛋的屋頂總重為400t，支撐著這個重量的則是氣壓。東京巨蛋在巨蛋內部灌入空氣，使內部氣壓較外部稍高0.3％。這一點點的氣壓差相當於1樓和10樓的氣壓差，人體幾乎感受不出來，而巨蛋出入口都設有門，幾乎是完全密封的。因此內部的空間符合帕斯卡定律的條件，整個屋頂都受到0.3％的氣壓差壓力作用。由於屋頂的面積非常廣大，所以屋頂整體受到的作用力也很大。這個力量甚至能撐起重達400t的屋頂。

氣壓的單位：帕斯卡（Pa）

地球的大氣受到重力影響，會產生壓力。海平面的平均氣壓大小稱為**標準大氣壓**（atm）。1atm的壓力約可舉起1034cm的水或76cm的水銀。

近年，由於國際單位的普及，壓力的單位漸漸統一使用**帕斯卡**（pascal，縮寫為Pa）。Pa的定義是「1牛頓的力作用於1平方公尺的面積的壓力」。以此為單位，地球海平面平均的大氣壓力約為101300Pa。因為位數太多，所以

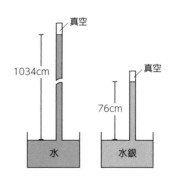

真空

1034cm

真空

76cm

水　　水銀

通常會將100Pa記為1hPa（h代表「hecto」），標準大氣壓則寫成1013hPa。

（注）hecto是100的意思。例如100公畝（are）是1公頃（hectare）。

挑戰題

〔問題〕2個圓筒如右圖連接並注滿液體，用可忽略重量的蓋子密封。在截面積1cm²的左筒蓋上放置1kg的重物，在右邊放置50kg的重物。若兩邊達成靜力平衡，試求右筒蓋的截面積。

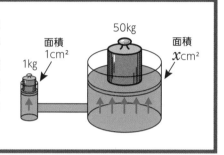

［解］ 根據帕斯卡定律，由於液體的所有部分都均等承受1kg/cm²的壓力，故假設右蓋的面積為x(cm²)，則右蓋所受之總壓力為$1 \times x$。而這個值相當於50kg的重量，故

$x = 50$cm²。（答）

§7

功的原理
—— 最適合用來理解物理學中「功」的意義的定律

至此為止，我們已探討了槓桿原理、滑輪的原理、帕斯卡定律，而本節我們將從「功」的角度重新審視一遍前面介紹過的內容。

物理學的「功」

在我們的日常生活中，「功」這個詞有各種不同的意思。例如「我今天在公司立了大功」這句話中的功，指的可能是拉到了大客戶、提出好案子、或是解決公司的重要難題。光看這句話無法確定「功」指的是什麼。然而，物理學對「機械功」有以下明確的定義。

功＝朝物體移動方向作用的力×物體的移動距離

（例題1）如右圖所示，用一個滑輪將3kg的貨物往上拉3m。試求此人施力F所做的功W。假設3kg質量的貨物所受重力為30N。

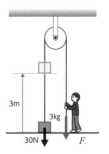

（注）N是力的單位，讀作牛頓。質量3kg的貨物所受的重力也可以表示成3kg重，約等於30N（§14、§16）。

[解] $W=30N×3m=90Nm$（答）

1牛頓的力使物體位移1m所做的功稱為1焦耳，縮寫為J。換言之，1Nm＝1J。

（例題2）如下圖所示，在有摩擦力作用的平面上，以30°斜角用2N的力將貨物緩緩拖行2m。試求此人施力所做的功。

[解]　拉力為2N時，朝運動方向作用的力為$\sqrt{3}$ N，故
$$\sqrt{3}\,\text{N} \times 2\text{m} = 2\sqrt{3}\,\text{J}（答）$$

功的原理

　　一如我們在§5的「滑輪的原理」探討過的，只要利用動滑輪，就能更省力地抬起重物。用這種說法，可能會讓人產生利用動滑輪就絕對比較輕鬆的誤解，但世上沒有白吃的午餐。因為滑輪設計得愈省力，需要拉動的距離就愈長。

（例題3）如右圖所示，用滑輪將質量3kg的貨物往上拉3m。試求此人施力F所做的功W。假設3kg的貨物所受重力為30N。

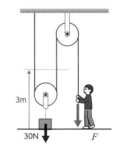

[解]　由於使用了動滑輪，故拉力只需要一半的15N。然而，所需拉動的繩子長度為6m（貨物提升高度3m的2倍），故

$$W = 15\text{N} \times 6\text{m} = 90\text{Nm}（答）$$

　　請比較看看（例題1）的答案和本題的答案。兩者的作功都是90Nm。這就是**功的原理**。如果不考慮摩擦力的話，則可得出下面的定律。

> 只要結果相同，作功也會相同。

接下來，讓我們用幾個有名的例子來驗證功的原理。

斜面的原理

古代的埃及人，發現了將造金字塔的石頭搬運至高處的劃時代方法，那就是利用斜面。例如想將1t重的石塊垂直上提10m非常困難，所以古埃及人想到了用斜面來搬運。只要用右下圖的方式，就能只用0.5t的力量搬運1t重的石頭（然而搬運距離也會變成2倍）。像這樣利用斜面省力的方法，就是**斜面的原理**。

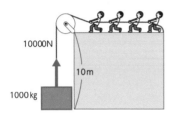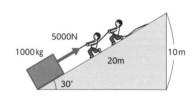

（注）質量1000kg的物體所受的力約為10000N。此外，可節省一半拉力的原理請參照§4「靜力平衡」。

那麼，一起來計算看看2種搬運法所作的功吧。

（例題4）請比較上方2圖的搬運方式，試求兩者人力所作的功是否相同。

[解] 根據功的定義

左圖的功 ＝$10000\,\mathrm{N} \times 10\,\mathrm{m} = 100,000\ \mathrm{Nm}$

右圖的功 ＝$5000\,\mathrm{N} \times 20\,\mathrm{m} = 100,000\ \mathrm{Nm}$

兩者的作功相同。可確定符合功的原理。（答）

槓桿原理

假設用繩索將1塊質量80kg的石頭上提1m。質量80kg的物體重量為80kg重。因此，如右頁圖運用槓桿原理將石頭舉起，可省去一半的力量，即400N（§1「槓桿原理」）。

（注）質量80kg的物體所受重力約為800N。

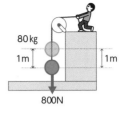

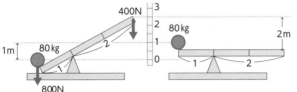

請計算這2種情況的作功。

（例題5）請驗證用繩索直接提起石頭，和用槓桿原理提起石頭，兩者人力所作的功是否相同。

[解] 根據功的定義

用繩索提起的作功　＝800 N×1 m＝800 Nm

用槓桿抬起的作功　＝400 N×2 m＝800 Nm

兩者的作功相同。可確定符合功的原理。（答）

挑戰題

〔問題〕如右圖將重1kg和5kg的重物分別放在U形管的兩端，並根據帕斯卡定律（§6）保持靜力平衡。請問若想讓右邊的重物上升10cm，必須使左邊的重物下降多少cm？

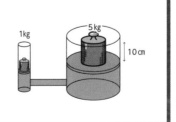

[解] 左邊的重物下降$x$cm時，根據功的原理，

　　1kg重×x＝5kg重×10。故x＝50 cm。（答）

039

阿基米德原理

—— 將物體在液體中所受之浮力表現為精確數值的定律

阿基米德原理的內涵可整理如下。

> 浸於靜止流體中的物體，會受到等同於該物體所排出的流體重量相等的垂直向上力。

物體在流體中所受的垂直向上力稱為浮力。浮力的存在可以透過感官經驗得知。而阿基米德原理的重要之處，在於找出了精確計算浮力大小的方法。

王冠究竟是不是純金的呢……

阿基米德（西元前287～212）發現「阿基米德原理」的故事，可說是家喻戶曉。相傳古希臘時代的敘拉古赫農王曾命工匠替他打造一頂純金的王冠，但王冠做好後，卻有人向國王告密說工匠在打造時「在王冠裡摻了銀」。於是國王就請了當時知名的學者阿基米德來調查這件事的真相。天才阿基米德為這個難題傷透腦筋，直到有一天洗澡坐進澡盆時，看到洗澡水被擠出澡盆，同時感到身體被輕輕托起，他才突然想到了解決的方法，一邊大喊著「Eureka！（我想到了）」一邊跳起來跑出浴場，裸著身體連忙跑回家。

回去後，阿基米德馬上準備了跟王冠等重的金塊和銀塊。用天秤確定金塊和銀塊一樣重後，他直接把金塊和銀塊連著天秤放進水裡。由於等重的銀塊體積大於金塊，故受到的浮力也比較大，所以天秤在水裡馬上傾斜，倒向放著金塊的那邊。

確定這個結果後，阿基米德接著把王冠和與王冠等重的金塊放在天秤

上，確認兩邊一樣重後，又把天秤放入水中。結果，天秤竟然再次傾斜，倒向金塊那一側。雖然王冠的形狀比金塊複雜，但只要排出的水量相同，所受的浮力也應該一樣。而天秤倒向金塊，就代表王冠所受的浮力大於金塊。換言之王冠裡摻了體積較大的銀。阿基米德就這樣識破了工匠在王冠裡摻銀的手腳。

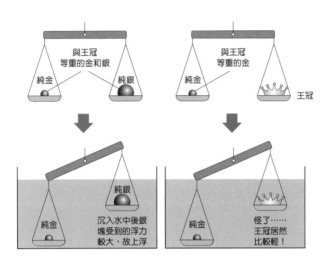

浮力的成因

浮力產生的機制如下圖所示。

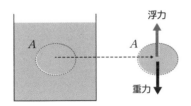

在容器內注滿液體，並將其中任意區塊假設為A。當液體處於靜止狀態時，區塊A應處於靜力平衡的狀態。此時作用於區塊A的力有重力和浮力，而靜力平衡時，代表2股力的大小相等。

現在，假設在某容器中注滿液體。當液體靜止的時候，液體中的所有部分應該都是靜力平衡的狀態（若不是靜力平衡，則液體會流動）。因此，取其中任意區塊A，A中的液體當然會受到重力的作用。但區塊A的液體卻靜止不動，代表應該還存在另一股與重力抗衡的力量。這股力量就是「浮力」。由此可知「物體在液體中會受到與排出之液體（即區塊A的體積）重量相等的垂直向上力（浮力）」。

用水壓來解釋浮力

那麼水中的浮力又是怎麼來的呢？答案是來自水壓。水壓會隨著水深增加，而這個性質就是浮力的來源。

回想一下上例中的區塊A。區塊A無時無刻都受到來自四面八方的水壓，但上方的水壓因為深度較淺，所以壓力總和會小於來自下方的水壓。因此，總體的水壓會向上作用。這也就是浮力的來源。

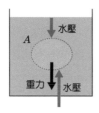

浮力的成因
深度愈深，水壓愈大。因此來自區塊A上方的水壓總和會小於下方的水壓總和。這就是浮力的來源。

阿基米德原理也是船的基本理論

據說在江戶時代末期，日本人第一次見到用鋼鐵打造的黑船時，曾對它為何能浮在水上嘖嘖稱奇。沉重的鐵船能浮在水上，仔細想想或許真的很不可思議。不過，如果明白阿基米德原理，就會覺得沒什麼了。無論船的重量有多大，只要它的體積夠大，就一定浮得起來。因為體積愈大，排出的海水量也愈大，受到的浮力也會增加。

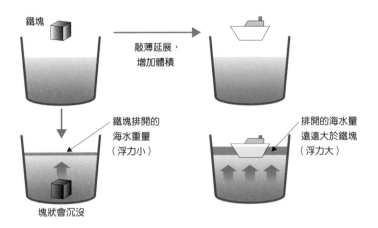

此外，利用阿基米德原理，還可以計算船的運載量。下次到港口的時候，可以觀察看看貨船的側面。相信大家都會發現被稱為「載重線（load line）」的記號。

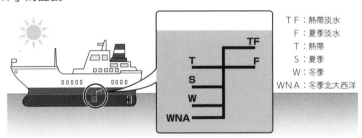

TF：熱帶淡水
F：夏季淡水
T：熱帶
S：夏季
W：冬季
WNA：冬季北大西洋

這個記號是用來判斷船上所載貨物的量是否處於安全值的印記。船上載的貨物愈多愈重，船體吃水就愈深，能得到的浮力也愈大；但如果吃水太深，船體的穩定性就可能打折，有翻覆沉沒的危險。這就是表現安全度的刻度。

挑戰題

〔問題〕在海水下，1kg的金與1kg的銀，請問何者比較重。

[解] 依照阿基米德的實驗結果，因為在水中所受的浮力較小，故1kg金比較重。（答）

§9

虎克定律

—— 受力變2倍時，變形量也變2倍的物質基本性質

　　彈簧能夠運用於各種的場合。而能夠表現彈簧施力大小的特徵的即為虎克定律。

什麼是虎克定律

　　英國物理學家羅伯特‧虎克（1635～1703）於1678年，在對彈簧施加力量時，發現施力的大小與彈簧的變形程度間存在著以下關係。這就是虎克定律。

> 彈簧的伸展幅度 x 的大小與外力 F 成正比。換言之，
>
> $$F = kx \text{（k為常數）} \cdots (1)$$

　　實際上，若在吊掛的「彈簧」下依序加上1g、2g、3g……的砝碼，掛2g、3g……時，彈簧的伸展幅度也剛好會是1g時的2倍、3倍……（左下圖）。若將此關係畫成圖表，可以畫出如右下圖的等比直線（本例中 $F=0.5x$）。這就是虎克定律。

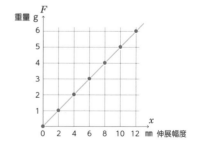

　　砝碼的數量與拉扯彈簧的力成正比，故可得知彈簧的伸展幅度，與施加在彈簧上的力成正比。

彈簧秤的作用原理

　　因為彈簧的伸展幅度與拉力成正比，所以可以依靠測量伸展的幅度得知拉力的強度。舉例來說，假設前例所舉的彈簧伸展幅度為9mm，即可對照右表得知彈簧所受的拉力為4.5g。藉由這種方式，即可測出吊在彈簧下的物體質量。這就是「彈簧秤」的原理。

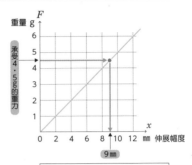

伸展幅度為9mm，故吊掛的砝碼質量為4.5g。

諧和振盪與波

　　遵循虎克定律變形的物體，在解除外力後，會發生振動。例如，把掛在「彈簧」下的砝碼稍微往下拉再放開，砝碼就會以靜力平衡的位置為中心開始上下振動。若以橫軸為時間畫成圖表，則可以把振動的模式畫成下圖。這在數學上稱為正弦波（sine curve）。通常，遵循虎克定律因外力作用而振動的物體位移稱為諧和振盪（harmonic oscillation），可以畫出如下圖般漂亮的正弦波。

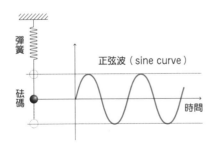

諧和振盪的波形圖
物質依循虎克定律振動時會形成正弦波。

虎克定律不只與彈簧有關

會用到虎克定律的不只有「彈簧」而已。日常生活中大多數會變形的物體都依循虎克定律。除非受到極大的外力，否則物體的變形幅度一定與外力的大小成正比。

例如像下圖把塑膠尺固定在書桌上，然後掛上砝碼。直尺彎曲的幅度會與砝碼的質量成正比。所以直尺也適用虎克定律，具有「測量」的功能。

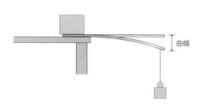

直尺與虎克定律
曲幅的大小與吊掛其下的砝碼質量成正比。

從微觀層面解釋虎克定律

當固體受力變形，然後移除外力後又恢復原來形狀的性質，稱為彈性。那固體為何會有彈性呢？當變形程度極小的時候，虎克定律還成不成立呢？

讓我們從微觀的世界來看看吧。由下圖可見，原子和分子通常是整齊排列，被某種以電子為媒介的力黏在一起的。這個結合原子和分子的力擁有跟彈簧一模一樣的性質。而結合原子和分子的這個彈簧般的力，同樣會遵循虎克定律。

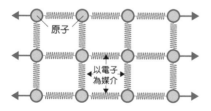

從微觀角度觀察固體
原子和分子是整齊排列，由某種性質類似彈簧的力互相結合的。這就是虎克定律的成因。

楊氏係數

虎克定律中，每種物質所受外力與變形幅度的比值是固定的量。這點

從前述的微觀解釋應該就能理解。發現這個係數的人，乃是以「光的干涉實驗」聞名的托馬斯·楊（1773～1829）。對1單位面積·單位長度的固體，施加1單位力時的變形量（即是（1）式子中k的值）稱之為**楊氏係數**。

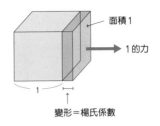

面積1

1的力

變形＝楊氏係數

吸收彈簧的能量

液體

彈簧

避震器的原理

彈簧的特性有時也很讓人頭大

彈簧的虎克定律，雖然在測量物體時非常有用，但對交通工具卻是個大麻煩。現在大多數的交通工具底盤都裝有緩衝用的彈簧，可以提升乘坐時的舒適度。然而，當交通工具受到衝擊時，彈簧就會開始進行諧和振盪運動，使車體持續地上下搖晃，而造成乘客暈頭轉向。因此，交通工具的彈簧上都裝有一種叫**避震器**的裝置，可以抵消彈簧的諧和振盪運動。

避震器的原理非常簡單。如右圖所示，是在裝滿空氣或液體的筒外，再反套上另一個筒的結構。所以當彈簧收縮的時候，液體就會從筒與筒之間的縫隙流出，吸收彈簧的能量。這麼一來，就能抑制彈簧的諧和振盪運動。

✍ 挑戰題

〔問題〕將1kg的鐵球掛上強力彈簧後，彈簧被拉長了1cm。請問在這個彈簧下掛上3kg的鐵球時，彈簧會被拉長幾cm？

[解] 根據虎克定律，伸展幅度會變3倍，所以是3cm。（答）

§10

鐘擺定律

—— 過去幫助時鐘正確測量時間的原理

　　在電影和電視劇的老房子裡，常常會掛著大大的老時鐘。這種時鐘的鐘面下方都有個會左右晃來晃去的鐘擺。這種靠鐘擺運作的時鐘叫做擺鐘。而發現這種擺鐘的運作原理的人，乃是活躍於16、17世紀的義大利科學家伽利略‧伽利萊（1564～1642）。

擺鐘
古裝電視劇和電影中不可或缺的道具。
依靠鐘面下方左右擺盪的鐘擺來計時。

鐘擺定律的發現！

　　西元1583年（日本本能寺之變的隔年）的某天黃昏，伽利略進入了位於比薩的大教堂。在昏暗的教堂內，才剛點燃的油燈（另一說是香爐）緩緩搖擺著。無意間，伽利略看著搖晃的油燈時，忽然發現了一件事：「油燈大幅搖擺和小幅搖擺時，來回一遍的時間居然不變！」於是伽利略就這麼發現了鐘擺定律。

比薩的大教堂

原來如此！

> 只要鐘擺的線長相同，無論擺幅大小，振動的週期也相同。

此處的**週期**，指的是鐘擺來回擺動一次的時間。

伽利略發現鐘擺定律的這段故事雖然沒有明確的文獻出典，不過卻因為太過有名而廣為流傳。順帶一提，在時鐘尚未發明的那個時代，據說當時伽利略是用測量自己的脈搏來計時的。

右圖是以每1/4週期拆解的鐘擺定律的示意圖。

鐘擺定律需要注意的點

鐘擺定律只在擺動幅度（振幅）夠小的時候才成立。因此，製作擺鐘時，如果把振幅設計得太大，就會失去準確性。由下面的圖表可知，一旦振幅超過20°，鐘擺定律就會開始失效。

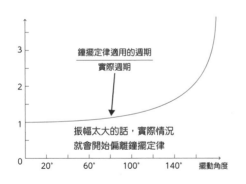

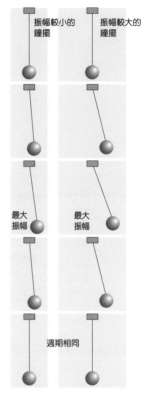

鐘擺定律
不論振幅是大是小，鐘擺來回擺動一次所需的時間都一樣。

擺鐘的發明

讓我們稍微回顧一下時鐘的歷史。由下頁的年表可知，以秒為單位的時鐘在17世紀初葉前是不存在的。

年代	時鐘的歷史
BC4000～3000年	據稱人類最早的時鐘——日晷鐘在埃及發明。
約BC1400年	埃及人發明了帶有刻度的水鐘，從此在晚上也能夠計時。
約1460年	以發條為動力的小型時鐘誕生。

17世紀中葉，人類才終於創造了精準可靠的鐘表。利用伽利略發現的鐘擺定律，荷蘭的科學家惠更斯（1629～1695）在1650年代中期發明了擺鐘。靠著這種擺鐘，從此人類才終於可以精準地計算時間。

（注）惠更斯後來因波的研究而名留青史（§25）。

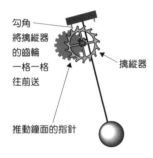

勾角
將擒縱器
的齒輪
一格一格
往前送

擒縱器

推動鐘面的指針

擺鐘的原理
鐘擺根部有個連接著齒輪的T字形零件（錨式擒縱器），當鐘擺每擺動一次，就會將擒縱器的齒輪往前推一格，轉動指針。根據鐘擺定律，每次擺動的週期都精準相同。

傅科擺

伽利略最有名的一句話，大概就是「即使如此地球還是在轉動」。據說這是他因地動說而遭宗教審判，不得不在權力下屈服時，偷偷吐露的真心話。而證明了這個「地球會轉動」說法的公開實驗，1851年終於在巴黎的先賢祠舉行。這場實驗所用的鐘擺裝置，在現代被命名為傅科擺。

除了「鐘擺定律」外，鐘擺運動還有另一個特徵。那就是只要沒有受到外力干擾，鐘擺的振盪面永遠不變的定律。若一開始是以平面振盪，那麼之後的所有擺盪運動都絕對不會離開該平面。

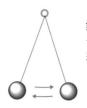

鐘擺的振盪面是固定的
一開始沿著某平面擺盪的鐘擺，具有永遠與該平面平行擺盪的性質。

　　傅科造了一個巨大的單擺，讓單擺擺動。結果單擺的振盪面竟開始旋轉。而傅科意識到這個結果證明了地球會自轉。關於這種旋轉現象的直觀說明，可以參考下圖。就這樣，傅科在歷史上第一次用實驗證明了地球的自轉。

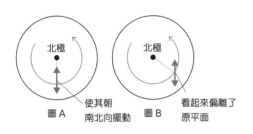

圖A　使其朝南北向擺動
圖B　看起來偏離了原平面

傅科擺
例如在日本使某鐘擺沿著南北向擺盪（圖A）。此時從北極上空看下去，該鐘擺的振盪面不變，但在地面上看卻不停在變化。

　　順帶一提，在地面上看的話，傅科擺看起來就像是因受到外力而旋轉的。這個外力則是**科氏力**（§21）。

👆 **挑戰題**

〔問題〕假如在北極做傅科擺的實驗，請問單擺的振盪面需要多少時間才會轉完一圈？

〔解〕　答案與地球自轉一圈的時間一致，也就是24小時。詳細請見右圖。（答）

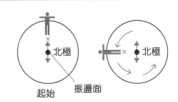

起始　　振盪面

慣性定律

—— 物體未受力時，狀態不會改變

　　古希臘哲學家亞里斯多德（西元前384～322）被人稱為「萬學之祖」，其思想曾有很長一段時間主導著整個西方文明。包括物體的運動也是。關於物體的運動，亞里斯多德是這麼認為的：「物體的移動，必然存在推動它的力量」。而這個理論也影響了西方世界近2000年來對「動」的認知。

　　早在日本仍在使用繩紋土器的時代，希臘人便已發展出了自然哲學，這固然令人驚異，但這種直覺的教條式觀念卻也拖累了西歐科學文明的發展。

慣性定律

　　歷史上首先對亞里斯多德的這個主張提出異議，乃是義大利的科學家伽利略・伽利萊。伽利略對於物體運動的主張如下。這就是**慣性定律**。

> 未對物體施加外力時，物體恆處於靜止或等速直線運動的狀態。

　　據說伽利略是透過下圖的斜面實驗，才確定了自己假說的正確性。實驗方法是將一塊光滑的板子折彎，然後讓球從板子上滾下來。若假說正確，則球體從斜面滾落到水平面後，即使沒有外力推動，理論上也會持續

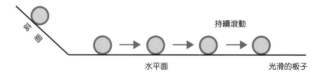

伽利略的實驗示意。他認為即使沒有外力持續推動，
球體也會在光滑的板子上持續水平滾動。

往前滾動。如此一來就能推翻亞里斯多德「物體的移動一定需要外力」的說法。

　　慣性定律又稱「惰性定律」。換言之，「慣性」的意思，就是物體都具有傾向不改變當前狀態或趨勢的「懶惰」性質。

用身邊的事物實驗慣性定律

　　日本有種玩具就是利用了慣性。那就是「打不倒翁」。這種玩具的構造很簡單，如下圖所見，只是把幾個圓木疊在一起，並在最上層畫上不倒翁的臉。玩法則是輪流用小槌子敲掉中間的積木，看誰先把不倒翁塔弄倒就輸了。

打不倒翁
只要以足夠的速度水平敲掉積木，積木塔就不會垮掉。因為沒被敲到的積木在慣性定律下，傾向保持原本靜止的狀態。不過，如果積木間的接觸面不夠平滑，玩起來就會很困難。

　　實際遊玩時，如果以水平方向快速敲打，就能只打掉被敲中的積木，而不會弄倒整座塔。這是因為其他沒被打中的積木沒有受到外力作用，在慣性定律下，會傾向保持原本的狀態，垂直下落。

　　但即使不用玩具，日常生活也隨處可見慣性定律。例如搭乘公車時，若司機突然剎車，我們的身體就會不由自主地往前倒。這也是因為我們的身體在剎車時仍傾向保持運動狀態。

親身體驗慣性
公車剎車時身體會自然往前倒，也是慣性的作用。

即使如此地球還是在轉動

伽利略是對抗不合理與矛盾的鬥士，勇於挑戰沒有統一性的事物。其中最為人知的代表就是對地動說的信仰。雖然地動說並非伽利略所創，而是更早之前由哥白尼首先提倡的，但哥白尼的地動說卻有很大的缺陷，無法說服當時的人們。那就是「如果太陽是宇宙的中心，那天體又為什麼會繞著太陽轉呢？」的疑問。

哥白尼描繪的宇宙
若宇宙以太陽為中心，那麼所有物體理應都會被吸向太陽。而解決了這個問題的答案就是慣性定律。

的確，物體會被吸向引力的中心。然而，實際上地球上的事物全都直線被吸向地心，而沒有被太陽吸去。而最後解決了這個矛盾的，便是「慣性定律」。伽利略透過慣性的假設，解釋了「因為地球也繞著太陽，所以物體往地球的中心落下並不矛盾」。

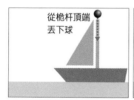

從等速行駛的帆船頂端丟下一顆球，在船上的船員眼中，球是直線落下的。伽利略把地球比喻成帆船，解消了當時對地動說的疑問。此外，比伽利略稍早之前就已有另一位義大利哲學家焦爾達諾・布魯諾（1548〜1600）用過同樣的比喻。順帶一提，最後布魯諾被宗教法庭判處火刑。

由於這個理論違反了長時間支配了西方文明，沒有任何根據的亞里斯多德「物體的自然狀態是靜止不動」的宇宙觀，因此伽利略受到了教廷極大的壓力。所以才有了「即使如此地球還是在轉動」的名言。

慣性會產生力量

　　那麼究竟是何種性質導致了「慣性」呢？答案就是**質量**。質量是地球上與重量等值的量，質量愈大的東西，慣性就愈大（愈懶惰）。換言之從感覺上來說，質量愈大，「惰性」也愈大。

　　而物質的慣性會產生一股「假想力」，稱之為**慣性力**。例如前面舉過的坐公車的例子。行駛中的公車突然剎車時，車上的乘客會感覺自己被某種力量甩出去，而這種力量的根源就是使人體持續往前運動的慣性。

慣性力
公車停車時，乘客會感受到一股往前的推力。這就是慣性力。慣性力與質量大小成正比。

　　從這個例子可知，隨著觀測的角度（參考系）改變，慣性定律有時會無法成立（在路人看來，乘客是跟著公車減速；但對乘客而言，卻像在沒有受外力的情況下從靜止狀態突然往前加速）。而適用慣性定律的參考系稱為**慣性系**，不適用慣性定律的參考系則叫**非慣性系**。

挑戰題

〔問題〕在遊樂園坐旋轉咖啡杯時，身體會感覺像被某種力量往後推，請問這是為什麼呢？

[解]　因為乘坐在旋轉中的咖啡杯裡的人因慣性而傾向直線移動，所以會感覺到一股將身體推向杯緣的慣性力（離心力）。（答）

落體的定律

—— 伽利略在比薩斜塔上證明的有名定律

緊接著「慣性定律」之後，本節又是另一個跟亞里斯多德有關的定律。亞里斯多德的物理學主張：

「愈重的物體下落的速度愈快！」

這個觀念在當時同樣主宰了整個中世紀歐洲。而這次同樣是伽利略挑戰了這個固有觀念。

亞里斯多德的想法

這裡要先問大家一個問題。請各位試著想想看以下的例題。

（例題）假如有2顆不同大小的鐵球，將它們同時從1m高的地方丟下，請問結果如何？

（A）較大、較重的鐵球先落地。

（B）較輕、較小的鐵球先落地。

（C）2顆球幾乎同時落地。

典型的中世紀西歐人會回答（A）。因為這就是亞里斯多德自然哲學的觀點。然而，伽利略對此抱有疑問，於是做了如右頁上圖所示的思考實驗。

假如亞里斯多德的想法是正確的，那麼（b）應該會比（a）更快抵達地面。那麼如果用鐵桿把2顆球焊在一起的話呢？這可能會有2種結果。

①2顆球焊在一起後變得更重，所以會掉得更快。

②因為較輕的鐵球掉落得比較慢，會拖累較重鐵球的掉落速度，所以焊接後會以介於（a）和（b）之間的速度下墜。

從「愈重的物體掉落速度愈快」的定律，竟可以推出2種全然矛盾的

結果。這代表亞里斯多德的主張可能有錯。

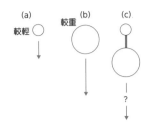

伽利略的思考實驗
若重物下墜較快，則(c)應該墜落得最快。然而，因為較輕的(a)會拖累下墜速度，所以(c)又好像應該比(b)慢……。到底哪個才是正確的呢？

伽利略的實驗

　　為了解決這個矛盾，伽利略提出以下主張。這大約是在日本的德川政權剛剛建立的17世紀初期。

> 物體自一點自由掉落至另一點所需的時間，若忽略空氣阻力，與掉落物的質量無關。

　　這就是**落體的定律**。為了驗證這個假說，伽利略進行了有名的「比薩斜塔實驗」。他從比薩斜塔上丟下2顆重量不同的鐵球，發現2顆鐵球幾乎同時著地，確認了自己的主張是正確的。

　　特別值得一提的是，這個定律的發現過程正是現代科學的原型。伽利略設想了排除空氣阻力的理想情況，再建立適用於該理想情境的假說，然後用實驗驗證假說，這一連串步驟正符合現代正統的科學方法。

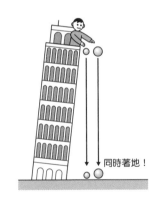

同時著地！

伽利略實驗的真實性
有種說法認為「將2顆不同重量的鐵球從比薩斜塔上丟下，驗證自由落體理論」的故事其實是伽利略的學生杜撰的。

400年後在月球得到證實

　　1971年，美國太空船阿波羅15號登陸月球時，隊長曾做過一個有趣

的實驗。他事先準備了游隼的羽毛和鐵鎚，在月球上做了伽利略的實驗。結果，羽毛和鐵鎚完美地同時落在月球表面。因為月球上幾乎沒有空氣阻力，符合伽利略假設的條件。相隔400年後，伽利略終於得到勝利。

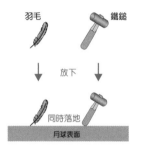

阿波羅15號在月球表面上的實驗
因為月球表面幾近真空，鐵鎚和羽毛受到的阻力幾乎一樣。因此完美地證明了伽利略的落體定律。

落體的另一個定律

伽利略從上面提到的那個實驗中，同時發現了另一項定律。那就是：

物體落下時的掉落距離，與掉落時間的平方成正比。

這個定律畫成線圖後，可用以下的拋物線圖來表示。

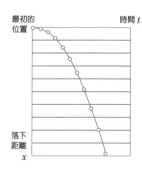

落下距離與時間的平方成正比
數學上，將落下距離 x 與落下時間 t 的平方成正比的關係寫成（$x \propto t^2$）。詳細請參照§16「牛頓第二運動定律」。另外，$\propto$ 是「成正比」的記號。

　　為了驗證這個主張，伽利略又做了以下實驗。由於當時還沒有以秒為單位精準計時的方法，所以伽利略運用了和緩的斜坡，並以水鐘計時。

用水流出的量計算時間

伽利略的實驗裝置
運用斜面是為了減緩運動速度。

挑戰題

〔問題〕如右圖在裝水的杯子上打洞，然後將杯子從高處丟下。請問杯子裡的水會有何種結果？

（A）水從洞裡流出　　（B）水沒有從洞裡流出

在杯子上打洞

[解]　答案是（B）「水沒有從洞裡流出」。因為杯子和水掉落速度相同，所以掉落過程相當於「無重力狀態」，受到慣性影響，所以水不會漏出來。（答）

附註

伽利略·伽利萊的功績

　　伽利略除了本書介紹的「慣性定律」、「鐘擺定律」、「落體的定律」外，還有其他各式各樣的發現和發明。例如自己製作了由荷蘭的眼鏡工匠漢斯·李普希於1608年發明的望遠鏡，陸續發現了太陽黑子、金星的盈缺、木星的衛星、銀河的星群等。伽利略製作的望遠鏡，是以凸透鏡為物鏡、以凹透鏡為目鏡的折射望遠鏡，後來此類望遠鏡全部被稱為伽利略望遠鏡。

COLUMN

親身感受帕斯卡定律

　　東京巨蛋總重量400t的屋頂，能靠些微的內外氣壓差支撐起來的原理，我們已在帕斯卡定律一節（§6）解釋過。支撐著那重量的，是相當於1樓到10樓的氣壓差。但即使明白箇中道理，情感上卻仍無法接受，乃是人之常情。因此，就讓我們實際體驗看看這個原理吧。

　　要理解撐起東京巨蛋的機制，只需做個簡單的實驗。如下圖所示，準備1個大塑膠袋，在袋口黏上吸管，然後用膠帶密封。接著，將1片木板放在塑膠袋上，並在木板上疊上書本，從吸管吹入空氣。然後，塑膠袋就會緩緩撐起書本。因為根據帕斯卡定律，從吸管吹進塑膠袋的氣壓會均等地作用於塑膠袋的每個部分，所以加總後力量足以撐起書本。

　　這樣各位應該就能理解，東京巨蛋那片巨大的屋頂，是如何靠送風機的壓力支撐了吧。

　　像這樣親身感受各種自然原理和定律，也是理解它們的重要方式喔。

第2章

物理就是理解物體的運動

§13

克卜勒定律
—— 牛頓力學誕生關鍵的天體運行法則

　　冬季有獵戶座，夏季則有天蠍座在夜空閃爍。天上幾乎所有的星星都會隨著季節高掛於固定的位置，但其中也有例外，那就是行星。行星的日文寫成「惑星」，意思是難以預測在夜空中哪個位置的星體。而歷史上第一個將行星的運行系統化的人，就是約翰尼斯·克卜勒（1571～1630）。

行星的運行與地動說息息相關

　　眾所周知，在冠上克卜勒之名的這項定律發表之前，世界是被天動說，也就是所有天體以地球為中心繞行的宇宙觀所支配的。這個宇宙觀稱之為**托勒密宇宙**。

　　托勒密（約83～約168）是活躍於西元2世紀的天文學家，他假設了下圖所示的宇宙模型。

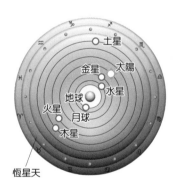

托勒密宇宙
行星以地球為中心排列，最外圍圍繞著眾多恆星的宇宙模型。

　　然而，這個宇宙模型有個非常難以解釋的缺陷，那就是行星的運行。行星會在恆星之間穿梭移動，無法用托勒密的宇宙模型解釋。

恆星　　　　　行星的運行

行星的運行
行星感覺就像喝醉酒般在
恆星間亂跑。

　　因此才出現了**本輪**理論。這種理論在以地球為中心的大圓軌道上，又加上一個小圓來解釋行星的運行。雖然不完全，但仍在一定程度上解釋了行星的運行。這個模型靠著「以地球為中心」和「圓」的2種魔力，成為了西歐文明中心的正統宇宙模型。

本輪

地球

行星的軌道

本輪
圓是希臘哲學中最崇高的幾何圖形。以圓構成的宇宙模型引起了當代人的共鳴。

　　而首先對這個複雜的模型提出反論的則是哥白尼。哥白尼發現只要改以太陽為宇宙的中心，「就能簡單地解釋行星的運行」。然而，哥白尼生活的時代環境尚未成熟。克卜勒在1609年發表後來被稱為「克卜勒定律」的行星運行法則時，已是哥白尼提出地動說半個多世紀後的事。

克卜勒第一定律（橢圓定律）

　　克卜勒認為，利用哥白尼的地動說，就能簡單地詮釋原本複雜的行星軌道。下面就讓我們依序來看看俗稱克卜勒三大定律的行星運動定律吧。首先是**克卜勒第一定律**，又稱**橢圓定律**。

> 所有行星都沿著以太陽為其中一個焦點的橢圓軌道運動。

　　這個定律告訴了人們天體是以太陽為中心，以及行星的運動軌道並非

完美圓形的兩件事。

克卜勒第一定律
宇宙不是由完美的圓形構成的主張，讓當時的人們受到極大震撼。

　　地球不是宇宙中心，以及行星軌道不是圓形而是橢圓的主張，在當時引起了極大的震撼。因為當時的人們一直相信「上帝以地球為中心創造了宇宙，且喜愛美麗的事物；而圓形正是最美麗的圖形」。

克卜勒第二定律（等面積定律）

　　克卜勒第二定律又叫**等面積定律**。

> **在相等時間內，太陽與行星的連線覆蓋的面積都相等。**

　　這句話的意思是「行星與太陽兩點連成的線，在相同時間掃過的面積永遠一樣大」。換言之，行星在靠近太陽時移動得比較快，遠離時則移動較慢。

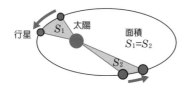

克卜勒第二定律
行星靠近太陽時移動較快，遠離時移動較慢。

克卜勒第三定律（週期定律）

　　克卜勒深深相信著當時的宇宙觀「宇宙應該是規律協調的」，因此一直在尋找宇宙的規律。經過無數努力後，他終於發現了克卜勒第三定律，又稱**週期定律**。

行星橢圓軌道的半長軸的立方與繞太陽公轉的週期平方成正比。

　　這個第三定律是個比較不好理解的定律。如下面的圖表所示，縱軸和橫軸皆以10^n為單位（$n=-1、0、1、2$）（即對數尺度），以點表示各行星的運動情況，即可清楚看出規律。

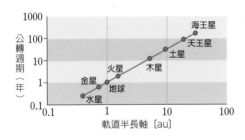

克卜勒第三定律
這種單位稱為對數尺度。自然界很多現象，只要運用對數就能看見真實的樣貌。另外，au是天文單位，意指地球與太陽的平均距離。

克卜勒與第谷・布拉赫

　　提到克卜勒定律，就絕對不能忘了他的老師**第谷・布拉赫**（1546～1601）的功績。第谷・布拉赫以前無古人的精度測量了天體的位置，奠定以克卜勒定律為首，近代天文學各種長足進步的基礎。然而，這兩人的關係非常複雜，並不只是單純的師徒，因此據說第谷・布拉赫從未把重要的研究資料直接傳給克卜勒。克卜勒是在第谷・布拉赫死後，才由其遺族將研究資料轉讓給他。

挑戰題

〔問題〕行星的英文是planet。據說該詞源自希臘文，請問是什麼意思呢？

〔解〕該詞在希臘語中是「遊走者」之意。（答）

13　克卜勒定律

第2章　物理就是理解物體的運動

§14

萬有引力定律

—— 被克卜勒定律和蘋果啟發，牛頓靈光一閃的大發現

　　支配宇宙的法則和支配地上世界的法則都是同一種法則的觀念，在現代已是一種常識；但在牛頓（1643～1727）的時代，卻不是如此。人們相信支配宇宙的是「神所居住世界的法則」，跟卑微凡俗的法則不同，這就是當時的常識。順帶一提，當時正好也是歐洲盛行獵巫的時代。若不了解當時的時代背景，就無法理解「發現萬有引力」是多麼重大的事件。

牛頓與蘋果

　　據說牛頓曾有很長一段時間一直在煩惱，「為什麼蘋果會往下掉，月亮卻不會掉下來」這問題。然後，有一天他突然想到，如果高掛在天上的月亮跟樹上的蘋果，都適用同一種物理定律，也就是「落體」定律的話，就可以解決這個問題了（下圖）。

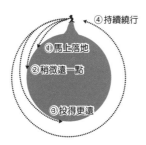

④持續繞行
①馬上落地
②稍微遠一點
③投得更遠

月亮其實一直在往下掉
從埃佛勒斯峰的山頂以水平路徑用力扔出一顆球，球會受到萬有引力的吸引而掉落。然而，如果超越一定的球速，球就不會在中途撞上東西。於是，就會繞著地球轉動。

　　牛頓意識到「使眼前的蘋果掉下來的力量，同樣也能解釋天體的運動」。這就是後來著名的「看到蘋果從樹上掉下，靈光一閃發現萬有引力」故事的由來。

蘋果樹與牛頓的故事
不論在地面還是天上，所有物體都會受到引力
作用的發想，據說是牛頓在看到蘋果從樹上掉
落時靈光一閃想到的。不過這故事是真是假仍
無法確定。

牛頓的萬有引力定律

　　牛頓發現天體運行的規律也可以用地上世界的定律來解釋。於是，他
試著用「地上世界定律」的運動定律（§16）和「力與距離平方成反比」
這個假設，去詮釋說明了天體性質的「克卜勒定律」，結果大獲成功。於
是在現代俗稱**萬有引力定律**的下列定律就這麼誕生了。

> 物體間必然存在引力，引力與兩物質量成正比，與兩物距離的平方成
> 反比。

　　這個引力就叫**重力**。
　　接著讓我們用公式來表現萬有引力的定律。假設 M、m 分別代表2個
物質的質量，G 是常數（俗稱**重力常數**），r 是2個物質重心的距離。則兩
物間的引力可用下列公式表述。

> $$\text{萬有引力} = G\frac{Mm}{r^2} \qquad (G = 6.6726 \times 10^{-11}\ \text{Nm}^2/\text{kg}^2)\ \cdots\ (1)$$

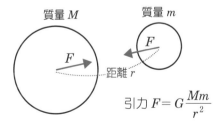

質量 M　　質量 m

距離 r

引力 $F = G\dfrac{Mm}{r^2}$

萬有引力定律的公式
萬有引力與質量成正比，與兩物距離之
平方成反比，故可寫成（1）的公式。

地表的重力與重力加速度

假設地表的地球引力為 F。則從公式（1），可推出地球上的物體（質量 m）所受的地球引力如下。

$$F = G\frac{Mm}{R^2} = mG\frac{M}{R^2} = mg \qquad \left(g = G\frac{M}{R^2} \right)$$

其中 M 代表地球的質量，R 是地球半徑。根據觀測，可得出 $g = 9.8\mathrm{m/s^2}$ 的值。這裡的 g 就叫**重力加速度**。

故質量 m 的物體，在地表上總是受到下列的 F 的力。

$$F = mg \quad (g = 9.8\mathrm{m/s^2})$$

質量 m

$F = mg$

地球

這個力就是我們在地表感受到的**重量**。

反射望遠鏡的發明

牛頓除了發現運動方程式和萬有引力外，還對現代科學文明有諸多貢獻。

牛頓在天文學上的一大貢獻，就是**反射望遠鏡**的發明。在牛頓之前的望遠鏡，都是由不同透鏡組成的折射望遠鏡。例如，伽利略望遠鏡（§12）因為是由2片透鏡組成的望遠鏡，所以要製作愈大的望遠鏡，就需要愈大的鏡片；而製作大型鏡片在每個時代都是非常高難度的事。但反射望遠鏡是藉由組合一片大鏡子和一片小透

反射望遠鏡

鏡，來獲得放大的影像，而製作鏡子比磨製透鏡要容易得多。在牛頓之後的時代，天文台所用的大型望遠鏡，幾乎都是反射望遠鏡。多虧了這項發明，人類才得以一窺宇宙的深處，使天文學有了飛躍性的發展。

彩虹有「7種顏色」是牛頓拍板定案的？

　　雖然牛頓最有名當屬其力學方面的研究，但他在光學的研究其實也相當有名。例如彩虹的「7色」據說就是由牛頓拍板定案的。牛頓在世時常常在思索光究竟是什麼東西。然後他在研究的時候，發現了太陽光穿過稜鏡時會分解成彩虹；換言之，光是由各種顏色所構成的。而被稜鏡分解出來光色依序為紅、橙、黃、綠、藍、靛、紫等7色。

　　在牛頓的著作《光學》中，除了光的分解性外，還發表了「光是一種粒子」的假說。牛頓因為光總是直線前進，以及可被鏡子反射的性質，而認為光應該是一種粒子。然而，他卻沒能在生前解釋自己發現的牛頓環（右圖）現象。

牛頓環
將凸透鏡貼在平面透鏡上，用光照射後，會出現同心圓圖案的現象。

挑戰題

〔問題〕在地球上重60kg的人，在月球上的重量為何？提示：月球的半徑是地球半徑的0.27倍，質量則是地球的80分之1。

[解]　月球的引力根據萬有引力定律可算出為（1/80）÷0.27^2＝0.171……約是地球的6分之1。因此在月球上大約是10kg重。（答）

剛體的靜力平衡
—— 合力和力矩達成平衡的關鍵

　　我們在§4解釋了「質點」和作用於質點的「靜力平衡」定律。而本節，我們要討論當力不是作用於質點，而是作用於有形狀的「剛體」時，會如何達成靜力平衡。

何謂剛體

　　不同於彈性體和流體，不會改變形狀的物體稱之為剛體。雖然是個令人陌生的詞，但只要用「天秤」和「固體金屬塊」來想就簡單多了。
　　「天秤」是從古埃及時代就已經被發明出來的東西，當時的人類就已經知道力平衡的法則性。而本節就是要來溫習這個古老的知識。

繪於古埃及莎草紙上的天秤。古埃及相信神會把心臟放在天秤上來審判死者。

力矩與旋轉

　　首先要討論的是力矩。力矩是用來表示物體旋轉的量。假設有一根旋轉中的木棒，與木棒垂直的向上力F，在離轉動軸相距r的點作用，則力矩M可定義如下。

力矩　$M = r \times F$

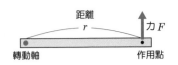

力矩的定義

力矩是表達物體轉動趨勢的量，可寫成 $r \times F$。

而在下圖所示的情況中，各圖的力矩可定義如下。

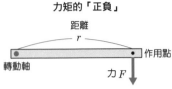

力矩的「正負」

力矩逆時針轉動時為正，順時針轉動時為負。上圖的情況，因力矩 M 順時針轉動（負），故

$$M = -r \times F$$

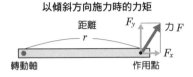

以傾斜方向施力時的力矩

施力方向為斜角時，只需考慮垂直方向的力。上圖的情況，力矩 M 為

$$M = r \times F_y$$

剛體的靜力平衡

在 §4 我們討論過「質點的靜力平衡」條件，也就是下列的定律。

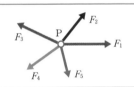

作用於質點 P 的多個力 F_1、F_2、F_3……F_n 達成靜力平衡的條件為

$$F_1 + F_2 + F_3 + \cdots + F_n = 0 \cdots (1)$$

質點就是不具外延形狀的理想物體。但對具有外延的剛體，光靠上述的「合力＝0」這項條件是不夠的。只要看看下圖就會明白。

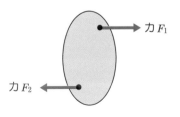

即使 $F_1 + F_2 = 0$，剛體也不會靜止不動，而會旋轉。

剛體的靜力平衡，除了條件（1）之外，還需要另一個條件。這個條件就是前面提到的力矩。剛體的靜力平衡，還要加上一個不會旋轉，也就是「描述物體轉動趨勢的量」的總和為0這個條件。

力矩的總和＝0 … （2）

上述的（1）和（2）就是「剛體的靜力平衡條件」。

（例）下圖中的天秤為靜力平衡。此時，力的總和及支點O周圍的力矩總和皆為0。

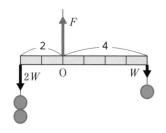

假設繩子的張力為 F，當達成靜力平衡時，由於沒有垂直方向的移動，故
$$F＝W＋2W＝3W（W為1顆砝碼的重量）$$
且因為沒有旋轉，所以支點O周圍的力矩總和也是0。換言之
$$2\times2W－4\times W＝0$$

重心和力矩

對剛體而言，當以G點為中心的重力力矩總和為0時，則稱G點為重心。對棒狀或板狀的剛體，若以重心為支點，則該棒狀物或板狀物會平衡不動。因為同時滿足沒有垂直移動的條件（1），和不會沿著G點旋轉的條件（2）。順帶一提，要檢查物體是否為靜力平衡時，可以從討論重力是否全部作用在重心上來證明。

（例題）將一塊厚度均勻、半徑為2的圓板 O_1，如右圖所示裁掉半徑1的圓板 O_2 時，試求出剩餘部分的重心G位置。

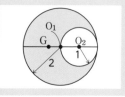

[解] 根據對稱性，可知G位在圖中直線 O_1O_2 上（設 $O_1G＝x$）。圓板 O_2 跟剩餘的板子所受的重力與面積成正比，故假設分別為 W、$3W$。

然而，考慮到裁切前的情況，圓板 O_1 是靜止不動的，故 O_1 的力矩總和為 0。故可推出，

$$1 \times W = x \times 3W，所以 x = \frac{1}{3}（答）$$

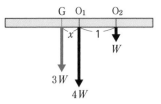

作用於各部分的力可統合在重心上。

力矩和槓桿原理

力矩是「描述物體轉動趨勢的量」。即使作用力很小，只要力臂夠長，同樣可以轉動物體。而「槓桿原理」正是具體的應用例子（§1）。下圖說明了「鐵撬」是如何運用力矩和槓桿原理拔釘子的。

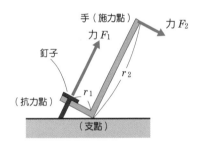

力矩和槓桿原理

槓桿也是利用力矩。左圖中，釘子所受的力矩 $r_1 \times F_1$ 和手施力的力矩 $r_2 \times F_2$ 相等，故可輕易拔起釘子。這是因為兩者「物體轉動趨勢的量」一致。

挑戰題

〔問題〕在可忽略重量的堅固木棒兩端分別掛上50g和20g的砝碼。請問手指要支撐在圖中的哪一點，才能讓棒子靜止不動。

〔解〕 B點（2個砝碼所受的重力力矩總和在B點為0）。（答）

§16

第二運動定律
—— 肉眼可見的現象幾乎都可用此定律解釋

　　牛頓在自己的主要著作《自然哲學的數學原理》中，提出了決定物體運動的三大定律（§14），其中第二個定律即是「第二運動定律」。在伽利略打開了物體運動的近代科學的大門後，繼承並完成了近代物理學發展的最大功臣就是牛頓。正是牛頓發現了力的作用，以及物體受力運動的基礎方程式。

何謂力……

　　「力」這個詞的用法非常多元多變，因此為了避免混淆，物理學對力的概念有以下明確的定義。

> 改變物體的速度，或使物體改變形狀的作用。

　　換句話說，當物體的速度或形狀發生改變時，就是受到了力的作用。

力會改變物體的速度
物理學將力定義為使物體加速或變形的作用，但這個詞其實很難定義。

第二運動定律

　　第二運動定律是連結物體運動與力的關係的定律。這個定律可用以下一句話總結。

> 物體的加速度，與物體所受的外力成正比，與物體的質量成反比。以
> 公式表達即為：加速度＝力÷質量

假設物體的質量為m，加速度為a，作用於物體的力為F，則第二運動定律可用以下公式表述。

$$F=ma \cdots (1)$$

這個公式被稱為**運動方程式**。是解釋各種物體運動時，最基礎也最重要的方程式。

重量與質量——質量永遠不變

需要注意的是，運動方程式（1）中的m是「質量」，而不是重量。質量是物體本有的物理量，不因環境變化而改變。不過，質量和重量在地球上是一致的，所以m常常被誤解是「重量」。但「重量」是會因環境而改變的。

例如，假設有個人在地球上的體重為72kg。此人的質量就是72kg。但他前往月球後，由於月球的重力只有地球的6分之1，所以體重會變成12kg，但質量依然是72kg，不會改變。

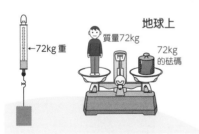
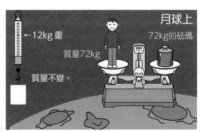

重量在地球上和在月球上會不同，但質量不會改變

感受力的存在

運動方程式（1）同時也是對「力」概念的定義。實際上，國際上用來

衡量力量大小的單位就稱為「牛頓」（縮寫為N），而1牛頓的定義如下。

使1kg物體在1秒間產生秒速1m加速度的力量，即為1牛頓。

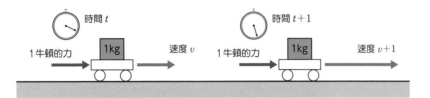

但光看這句話很難想像1牛頓的力量到底有多大。因此，為了幫助各位理解，讓我們借用一下地球的重力。在地球上，1牛頓與「100m*l*的水的重量」幾乎是相等的。這重量相當於裝了半滿水的紙杯。大家把水杯放在手心上，就能體驗到1N的力量究竟有多大了。

1牛頓的概念

在地球上，1N幾乎與100m*l*的水（100g）等重。在紙杯內裝半滿的水時，杯子的重量大約就是1牛頓。

（例題1）質量3kg的物體在地球上落下時，已知下墜的加速度（重力加速度）為9.8m/s²。請問該物體所受的重力F為多少牛頓？

[解] 代入上頁的運動方程式（1），可算出

重力$F = 3 \times 9.8 = 29.4$N（答）

牛頓磅

在上面的例子，我們教大家利用「重力」將力量數值化並實際感受的方法。重力就是地球牽引物體的力。不過，其實還有一種能用數字感受力量的方法。那就是用彈簧秤。尤其是俗稱**牛頓磅**，以牛頓為單位，是在國中理化課常用到的教具。使用這種磅秤勾住砝碼在平滑的表面往前拉，當刻度停在1N的位置時，你的手所感覺到的重量就是1牛頓。

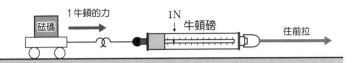

在地表上，1kg重的物體所受的重力約為9.8N。國中的理化教材通常教導學生「1N即是約100g物體所受的重力大小」。以牛頓為單位測量力量大小的彈簧秤即是「牛頓磅」。

日本文部科學省規定的力量單位

然而，很多日本人以前從來沒有聽過「牛頓磅」。這其實是有原因的。因為直到2009年，日本的文部科學省才在新頒布的學習指導綱領，對國中的理科課綱加上以下規定。

> 力的單位應以「牛頓」為標準。

為配合此規定，國中理化課才引入了「牛頓磅」這種教具。牛頓磅說穿了其實就是彈簧秤，只不過把刻度單位改成了「牛頓」。

要把一般的彈簧秤改成牛頓磅，只需把原本的$x$kg刻度換算成約$9.8x$牛頓即可（§14）。

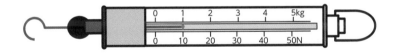

將彈簧秤換成牛頓磅
在地球表面1kg的重量約等於9.8N，換算後即可修改刻度。

地表的自由落體與等加速度運動

只受到重力（地心引力）作用的物體運動稱為**自由落體**。

根據萬有引力的定律（§14），質量m的質點在地表所受的重力可用下列公式表述。

$$F = mg \quad (g = 9.8\text{m/s}^2) \cdots (2)$$

這個比例常數g叫做**重力加速度**，這點我們已在萬有引力一節提過了

（§14）。然後再對受到重力（2）作用
而運動的物體，套用運動方程式（1）。
若加速度為a，則

自由落體

　　　運動方程式：$ma=mg$

　換言之，

　　　$a=g$（$g=9.8\mathrm{m/s}^2$）$\cdots$（3）

　在地表受重力牽引而運動的物體的
加速度a，不論物體質量如何都一定等
於g。而這種固定加速度的運動就叫**等
加速度運動**。

質量 m

加速度（g）
固定不變

地球

　等加速度運動有個知名的公式。
朝x軸方向以等加速度a運動的點，在
時間t時的速度為v，當位置為x時，將存在以下關係。不過，此公式要成
立，時間為0時物體必須是靜止的（初速為零）。

$$v=at \ 、x=\frac{1}{2}at^2 \cdots（4）$$

0　　　　v

t

加速度 a

O　　　x

（注）公式（4）是根據速度和加速度的定義，用微積分計算得出的。更直觀的
　　　證明會在章末的COLUMN解說。

　因為自由落體是等加速度運動（公式（3）），所以只要把g代入公式
（4）的a，就能明白自由落體的運動情況。

（例題2）初速為0的物體自由落下時，請問2秒後的掉落速度v和掉落
距離x分別是多少？

[解] 將（3）的g代入公式（4）中的加速度a。因為$t=2$，所以

$$v=9.8\times2=19.6\,\mathrm{m/s}，x=\frac{1}{2}\times9.8\times2^2=19.6\,\mathrm{m}\quad（答）$$

動能

在(4)的第2式兩邊各加上ma，可得

$$max = 1/2\ m(at)^2$$

右邊的at根據(4)的第1式可換成速度v。左邊的ma根據運動方程式(1)可換成F，得到

$$Fx = 1/2\ mv^2$$

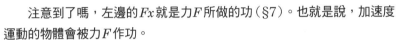

力F所做的功Fx

注意到了嗎，左邊的Fx就是力F所做的功（§7）。也就是說，加速度運動的物體會被力F作功。

根據後面的章節（§19），被作功的物體會得到能量。而這個過程中得到的能量$1/2mv^2$就叫動能。

這個公式已被證明在一般的情況下，皆能成立。

質量m、速度v的質點所帶的動能為$\frac{1}{2}mv^2$

動能 $\frac{1}{2}mv^2$

1kg的定義為何？

質量的單位1kg是以保存於法國的「國際公斤原器」為基準。將這個公斤原器與其他物體放在天秤兩端，若天秤左右平衡，則該物體的質量就是1kg。

挑戰題

〔問題〕在月球丟下一物體，已知其加速度為1.6m/s^2。試求質量6kg的物體在月球表面受到的重力大小F。

〔解〕 根據運動方程式(1)，$F = 6 \times 1.6 = 9.6\text{N}$（≒地球上1kg的重量）（答）

§17

動量守恆定律

── 小孩子衝撞大人，大人也紋風不動的原因

拿一個枕頭坐在有輪子的椅子上，稍微用力把枕頭往前丟。你會發現坐在椅子上的自己也會朝反方向後退。這個現象可用作用力與反作用力來說明，但本節我們要從動量守恆定律的角度解釋成因。

枕頭

往前丟的話……

什麼是動量

物體的**動量**可定義如下。

假設運動中的物體質量為m，速度為v，該物體的動量等於「質量×速度」，即mv。

（例題1）試求下圖直線上移動球體的動量。請注意朝左方移動的速度為負值。

−8m/s   3kg   4kg

                                      10m/s

左圖中的動量是$-8×3=-24$kgm/s，右圖的動量是$4×10=40$kgm/s

被乒乓球打到手也不太會痛，但被同樣大小、速度的鐵球打到手，就會受到重傷。由此可知，物體「前進的力道」不只跟速度有關，質量也很重要。因此，科學家們用質量×速度來表示「力道」，並稱之為動量。

兵兵球 m

鐵球 M

重要的是質量×速度

即使是同樣的速度，兵兵球跟鐵球的「前進力道」仍大不相同。因此科學家用質量×速度當成力道的指標，並稱之為動量。

動量守恆定律

　　將動量定義為質量×速度的原因，除了上述的「力道」外，還因為另一個重要的性質。科學家稱這個性質為**動量守恆定律**。

> **未受外力的情況下，一系統內各物體的動量總和不變。**

　　假設質量分別為 m_1、m_2 的2個物體在直線上相撞。若未受外力影響，兩物衝撞前的速度分別為 v_1、v_2，衝撞後的速度則為 v_1'、v_2'。此時，動量守恆定律可表述成下列公式。

$$m_1 v_1 + m_2 v_2 = m_1 v_1' + m_2 v_2' \cdots (1)$$

　　一系統內的物體在未受外力影響的情況下，相互作用且產生運動時，所有物體的動量總和永遠不變。

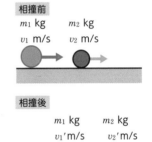

相撞前

m_1 kg $\quad m_2$ kg
v_1 m/s $\quad v_2$ m/s

相撞後

m_1 kg $\quad m_2$ kg
v_1' m/s $\quad v_2'$ m/s

> （例題）有2個質量各為3kg、2kg的物體，在未受外力的情況下正面相撞。兩物相撞前的速度依序為 4m/s、−5m/s，相撞後則速度變成 −2m/s、4m/s。請驗證此結果是否符合動量守恆定律。

[解] 相撞前後的動量依序如下：

　　　　相撞前的動量＝3×4＋2×(−5)＝2
　　　　相撞後的動量＝3×(−2)＋2×4＝2
　　由此可知，動量守恆定律成立。（答）

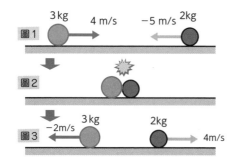

兩球相撞與動量守恆定律

相撞前的動量為
$$3 \times 4 + 2 \times (-5) = 2$$
相撞後的動量為
$$3 \times (-2) + 2 \times 4 = 2$$
故相撞前後的動量不變。

要留意的是，在這個衝撞中，力學能（§19）並不是守恆的。

相撞前的動能 $= \dfrac{1}{2} \times 3 \times 4^2 + \dfrac{1}{2} \times 2 \times 5^2 = 49$

相撞後的動能 $= \dfrac{1}{2} \times 3 \times 2^2 + \dfrac{1}{2} \times 2 \times 4^2 = 22$

這是因為動量守恆定律比能量守恆定律適用的範圍更廣。

那麼，回到本節一開始的坐椅子扔枕頭的例子。扔出枕頭前的動量是 0。而扔出枕頭後，基於動量守恆定律，椅子和人會產生跟枕頭動量恰恰相反的動量，所以身體才會連椅子一起往枕頭的反方向移動。

用第二、第三運動定律來解釋

動量守恆定律是法國哲學家笛卡兒（1596～1650）發現的。目前此定律已可用牛頓的運動定律來解釋。讓我們一起來看看吧。

跟前面推導公式（1）時一樣，假設有 2 個沒有外力影響的物體，在直線上互相作用。

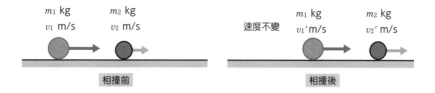

回想一下運動方程式「質量×加速度＝力」。加速度是初速與末速的差除以時間的結果，在兩物相撞的時候，會對彼此施加一定量的力 F，

$$m_1 \times \frac{v_1' - v_1}{衝撞的時間} = F$$

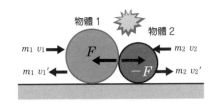

物體1　物體2

$m_1\ v_1 \rightarrow$　F　$\leftarrow m_2\ v_2$

$m_1\ v_1' \leftarrow$　$-F$　$\rightarrow m_2\ v_2'$

$$m_2 \times \frac{v_2' - v_2}{衝撞的時間} = -F$$

此時，相互作用的力分別為F和$-F$，這裡運用了作用力與反作用力的定律。將以上兩式相加可得

$$m_1 \times \frac{v_1' - v_1}{衝撞的時間} + m_2 \times \frac{v_2' - v_2}{衝撞的時間} = F - F = 0$$

消掉兩邊的分母，將此式重新整理後，

$$m_1 v_1 + m_2 v_2 = m_1 v_1' + m_2 v_2'$$

就能得到公式（1）了。

挑戰題

〔問題〕光滑的平面上有1顆靜止不動的3kg鐵球（圖1）。此時，1顆1kg的黏土球從左邊以8m/s的速度撞過來，使鐵球跟著一起朝右邊移動（圖2）。

試求出黏土球和鐵球的前進速度。可無視摩擦力。

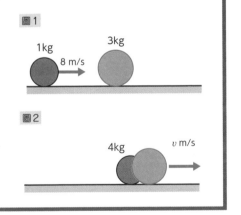

圖1

1kg　8 m/s →　3kg

圖2

4kg　v m/s →

[解] 兩球的動量總和在相撞前是1×8，相撞後是$4 \times v$。由於兩者相等，故可算出$v = 2$m/s。（答）

角動量守恆定律

—— 花式滑冰高速旋轉的祕密

　　旋轉中的物體具有「傾向保持旋轉」的性質,而用來表示保持旋轉傾向「威力」的量就是角動量。就跟表示物體「前進力道」的動量十分類似。而只要沒有受到干擾該「威力」的外力作用,一系統內的角動量永遠守恆。

何謂角動量

　　假設一平面上有O點與質量 m 的質點P。若P的速度為 v,與OP垂直的分量為 v_t。此時,OP與 mv_t 的積($=$OP$\times mv_t$)就是質點P繞行O點的**角動量**。

> 質點P繞行O點的角動量$=$OP$\times mv_t$ … (1)

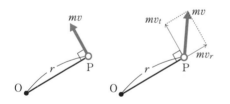

角動量
左圖中,P繞O的角動量為 $r\times mv$,而右圖則是 $r\times mv_t$

　　有多個質點,或是物體為剛體的時候,計算出各個部分的角動量,將它們全部相加,即可算出整體的角動量。

多個質點和剛體的角動量
P、Q兩點繞O點的角動量即是各自角動量的和。如左圖的角動量為

$$r_P\times m_Pv_{Pt}+r_Q\times m_Qv_{Qt}$$

換言之各部位的角動量相加即是整體的角動量。

角動量守恆定律

一如最開始所述,角動量是表示保持旋轉傾向「威力」的量。只要沒有外力干涉,這個威力永遠不會改變。從前頁的圖可知,如果沒有與質點P到O點的連線垂直的力作用,也就是沒有來自系統外的力矩(§15)的話,以O點為中心的角動量為定值,不隨時間改變。這個主張即是**角動量守恆定律**。

> **當外力矩為0時,角動量永遠不變。**

要注意的是,有時即使受到外力作用,「角動量守恆定律」依然成立。代表性的例子就是連心力,像地球的重力和點電荷的庫侖力。因為這兩種情況的連心力力矩為0。

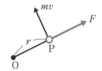

當外力為連心力時,以O為中心的角動量仍符合角動量守恆。因為連心力不會影響物體旋轉的「威力」。

角動量守恆定律的應用

同於動量守恆定律,常常有人抱怨「角動量守恆定律很難懂」。所以,以下介紹2個生活中的例子來幫助大家理解。

(例1)花式滑冰的旋轉動作

在花式滑冰中,高速旋轉的動作往往是表演的一大亮點。而選手們能做出這種旋轉動作的祕密就是角動量守恆定律。以選手的軸足為原點O,計算以O為中心的角動量。此時,由於外力矩幾乎不存在,所以滑冰選手整個身體的角動量是守恆的。所以只要在旋轉後縮起手腳,身體就可以高速旋轉。由於整體的角動量是定值,角動量公式(1)中的OP愈小,速度v_t就愈大。因此滑冰選手能做出高速的旋轉。

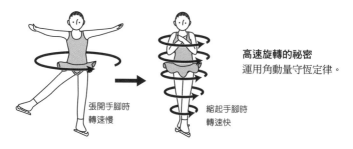

高速旋轉的祕密
運用角動量守恆定律。

張開手腳時
轉速慢

縮起手腳時
轉速快

　然而，就算不當滑冰選手，也有其他更簡單的方法能體驗角動量的存在。大家只要坐在旋轉椅上，張開手腳，輕輕踢牆讓椅子轉動就行了。等椅子開始旋轉後，再馬上縮起手腳，身體就會開始高速旋轉。

張開手腳時
轉得慢

收起手腳後
轉得快

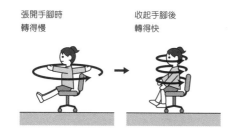

用旋轉椅體驗高速旋轉
可以用最簡單的方式體驗當滑冰選手的感覺。

（例2）直升機的尾槳

　多數的小型直升機尾端都有俗稱「尾槳」的輔助旋翼。如果拿掉尾槳的話會發生什麼事呢？假設直升機原本處於靜止狀態，此時整體的角動量為0。然後啟動引擎，使主旋翼朝逆時針方向旋轉。這時，為使總角動量守恆為0，直升機本體會開始順時針旋轉。而尾槳的功能就是避免發生這種事。

　順帶一提，遙控直升機大多是靠2片朝不同方向轉的主旋翼來保持機體的安定。

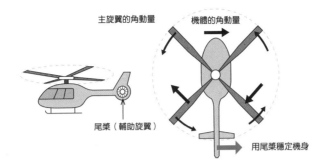

主旋翼的角動量　機體的角動量

尾槳（輔助旋翼）

用尾槳穩定機身

克卜勒第二定律與角動量

　　克卜勒第二定律是「等面積定律（面積速率守恆）」（§13）。這個定律從連心力的角動量守恆定律來看，其實是理所當然的現象。只要看看下圖就明白了。天體在固定微小時間 Δt 內掃過的面積△OPQ，約等於 $r \times v_t \Delta t / 2$。此時 $r \times v_t$ 與P點繞O的角動量成正比，但由於行星與太陽間的引力為連心力，故角動量守恆不變。因此，微小時間 Δt 內掃過的面積固定，換言之面積速率不變。

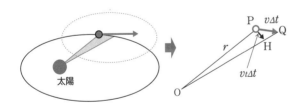

太陽

P　$v\Delta t$　Q

r　H

$v_t\Delta t$

O

克卜勒第二定律
可以用只受連心力作用
的角動量守恆定律證明
的法則。

挑戰題

　　〔問題〕在無重力的太空船中，將2個彼此相吸的磁鐵分開至一定距離後停止，並為了避免兩磁鐵直接相撞而給予其微弱初速，然後放手。請問放手後2個磁鐵會如何運動？

〔解〕　因為角動量守恆，所以2個磁鐵會一邊旋轉一邊互相拉扯，逐漸加速，最後黏在一起。（答）

力學能守恆定律

—— 動能與位能的和守恆不變！

　　我們常常聽到「能源不足」或「綠色能源」等說法，對於能源或能量這個詞，無論聽或說都非常籠統。然而，若被嚴肅地問道「什麼是能量」時，又往往答不上來。

何謂功

　　要定義能量，就需要用到功這個詞。在物理和化學的世界，「功」的意思跟日常生活中的功有點不一樣。

　　日常生活中，「功」的意義非常廣泛，但在物理化學的世界，「功」的意義十分單純（§7）。

> 功＝朝物體移動方向作用的力的分量×物體的移動距離

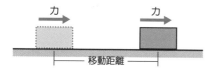

「力×該力造成的位移距離」就叫功。

　　當朝物體移動方向的斜角施力，可以把力分解成與移動方向垂直的力與平行的力，而平行方向的力和移動距離相乘的積就是功。

施力方向與移動方向不平行時，作功為
移動方向的力×移動距離

下圖中，功不等於0的就只有最右邊的圖。從日常生活的定義來看，可能會覺得其餘兩圖中的人明明也費了很多力氣，但在物理上仍徒勞無「功」。

用右圖的滑輪抬起物體時，圖中的人所作的功W為

$$W＝重力（即重量）×高低差$$

雖然很努力但仍紋風不動

牆壁

功＝0

只是提著沒有動

功＝0

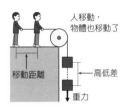

人移動，
物體也移動了

移動距離

高低差

重力

何謂能量

在理化的世界，舉起某物的能量可定義如下。

能量＝該物體作功的能力

乍看之下可能看不太懂，但這個能量的定義是科學世界中最重要的概念之一。接著我們就來馬上透過2種能量，來看看這個定義到底是什麼意思。

動能

運動中物體的運動本身就是一種能量。下圖中，有顆鐵球從右邊撞向連著彈簧的方塊。結果，即使受到彈簧的彈力反彈，方塊仍被推向左方。換句話說，運動的鐵球對方塊作了功。這時我們說這顆滾動的鐵球有「作功的能力」，也就是帶有能量。

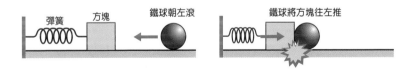

彈簧　方塊　　鐵球朝左滾　　　　鐵球將方塊往左推

諸如此類運動中物體所帶有的能量，我們稱之為**動能**。而動能可以表達成下列的公式（§16）。

質量 m、速度 v 的質量所帶有的動能為 $\frac{1}{2}mv^2$

動能 $\frac{1}{2}mv^2$

位能

把一顆球放在斜面上，然後放開手，球會順著斜面滾下去。位於高處的物體往下掉時，會產生動能。這是因為物體的位置本身就帶有能量，就叫做**位能**。

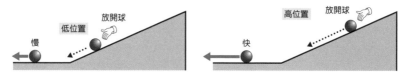

物體的位置本身就可化為能量。從愈高的位置放開球，球的速度（即動能）就愈大，所以位置愈高，位能就愈大。

位能產生的原因是重力。另一個經典的例子是用彈簧產生的位能。如下圖所示，將一顆球推向彈簧，然後放開手。球會被彈簧推往右方，這是因為彈簧的位能轉換成了球體運動的動能。

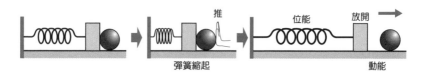

力學能守恆定律

動能和位能合稱為**力學能**。力學能有個非常有趣的特性。若不考慮摩擦力，則一系統內的物體的動能與位能具有以下關係。

動能＋位能＝定值

這個關係叫**力學能守恆定律**。

　　想體驗這個定律，只要去遊樂園坐雲霄飛車就行了。從雲霄飛車的原理，便能清楚看到位能轉換成動能，然後又轉換回位能的過程。

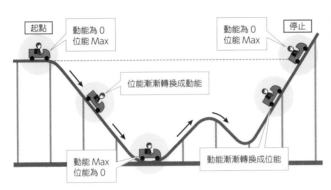

若不考慮軌道和空氣的摩擦力，雲霄飛車最高可爬回出發時的高度。

挑戰題

〔問題〕離地 h m高的地方有顆 m kg的球。試求從地表往上看時，這顆球的位能。假設重力加速度為 g（約$9.8\mathrm{m/s}^2$）（§14）。

[解]　想像將此球以等速緩緩舉起（因為有加速度的話，就需要考慮動能變化）。此時舉起球的力 W 為

$$W = mg$$

將球舉至高 h 的點時，舉起這此球的力 W 所做的功如下

$$功 = Wh = mgh$$

因此，此球位於高 h 的點時，位能為

$$mgh \quad （答）$$

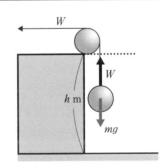

伽利略相對性原理

—— 愛因斯坦相對論出發點的重要原理

　　地球上的自然法則，跟電車上的自然法則和太空船上的自然法則，都是一樣的嗎？這個問題的答案，是「可用伽利略變換連接的慣性系都是一樣的」。

伽利略變換的公式

　　座標系O′相對於座標系O沿x軸方向以等速V移動時，座標系O觀測到質點位置x，跟座標系O′觀測到的質點位置x'，具有以下關係（假設當$t=0$的時候，兩座標系重疊一致）。這就叫**伽利略變換**。

$$x'=x-Vt \cdots (1)$$

　　這個變換公式成立的原因，可以用電車中的乘客P′和在月台等車的人P的關係來說明。在沿x軸方向以等速V行駛的電車內放1顆蘋果。在乘客P′的座標系中，蘋果的位置為x'；而在月台的人P′的座標系中，蘋果的位置是x。當時間$t=0$的時候，2個座標系的原點O和O′重疊。

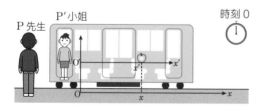

時刻 0

在時刻0時，2個座標系沿x軸方向看時是重疊的。

假設經過的時間為t。則沿x軸方向看時（下圖），

OO'$+x'=x$

此時，因為是等速運動，所以可以將OO'寫成Vt。如此就能導出變換公式（1）。

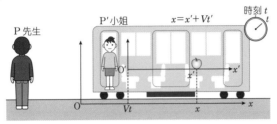

公式（1）表達的就是以等速V直線運動的電車中的乘客P'，跟電車外的人P的位置關係。時刻0時，P的位置與P'的位置一致；而經過時間t後，OO'的長度就等於Vt。由此可以導出公式（1）。

伽利略變換中的速度變換公式

原點O'相對O以等速V移動時，從座標系O觀察到的質點速度v，跟從座標系O'觀察到的質點速度v'，在數學上可依公式（1）證明以下關係。

$$v'=v-V \cdots (2)$$

這個速度變換公式（2）是自江戶時代前就已被人們運用的觀念。例如日本有名的「流水算」問題。

（例題）某船在長24km的河川順流而下，需時3小時，在同一條河逆流而上時則需4小時才能走完。試求這條船在止水中的速度，以及這條河川的流速。假設河川和船皆以等速運動。

[解] 先用「和算」（即「流水算」）的方式解解看吧。
首先，先來計算速度。
順流時的船速為 24÷3＝8km/h，逆流時的船速則是24÷4＝6km/h（答）

然後，

$$\begin{cases} \text{止水中的船速為 } \dfrac{8+6}{2}=7\text{km/h，} \cdots (3) \\ \text{河川的流速為 } \dfrac{8-6}{2}=1\text{km/h} \cdots (4) \quad (\text{答}) \end{cases}$$

以上就是和算的解法。接著把（3）和（4）換成伽利略式的寫法吧。假設止水中的船速為 v，河流的流速為 V，將來程和去程的速度套進速度變換公式（2），原本的題意就能以下方式表達。

$v+V=8$，$v-V=6$ … （5）

解開後答案就是（3）和（4）。

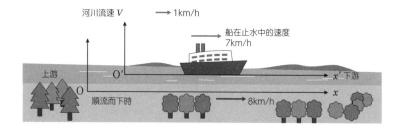

河川流速 V → 1km/h

船在止水中的速度 7km/h

上游

O' x' 下游

O

順流而下時   8km/h x

牛頓的運動方程式在伽利略變換後依然有效

回到原本的主題。假設如一開始的圖，車站月台站著一個人 P。且此人處於慣性系，也就是適用慣性定律的世界。這時一輛電車以等速度呼嘯而過。

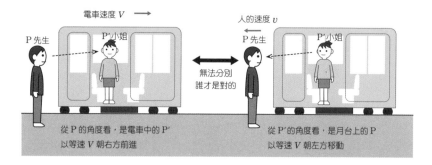

電車速度 V →

人的速度 v

P 先生   P′小姐

P′小姐   P′小姐

P 先生

無法分別誰才是對的

從 P 的角度看，是電車中的 P′以等速 V 朝右方前進

從 P′的角度看，是月台上的 P 以等速 V 朝左方移動

假設此時電車中的乘客P'也位於慣性系，也就是適用慣性定律的世界。這個時候，我們沒辦法區別P和P'到底是誰在向誰移動。對P'而言，也可以當成電車停在原地，月台高速朝自己跑過來。以這種方式思考的話，伽利略變換也可以當成連接2個慣性系的變換公式。

然而，慣性系沒有高下之分。剛剛的例子中，月台上的P和電車裡的P'，我們沒辦法區別誰所在的慣性系更理想。也就是說，「2個世界中的物理定律必須是相同的」。用伽利略變換的概念來說，就是在任一慣性系中有效的物理定律，即使經過伽利略變換後，表達形式也不會改變。這就叫**伽利略相對性原理**。例如牛頓的運動方程式 $F = ma$（§16）就符合伽利略相對性原理。

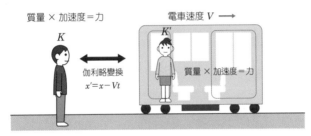

伽利略相對性原理
物理定律在一切可用伽利略變換連接的慣性系中，不會改變形式。
這就是運動方程式不是用速度，而是用加速度表述的原因。

挑戰題

〔問題〕以時速60km在直線上行駛的列車中，當乘客以時速10km朝列車行進方向投球時，在車外的人看來球速是多少？

［解〕 根據公式（2），是60＋10＝70km/h（答）

科氏力

—— 颱風為什麼是往左邊轉呢？

「在北半球發射大砲時，彈道會稍微往右偏離瞄準的目標」。而改變了砲彈方向的力量，就是**科氏力**。而科氏力的作用原理則叫**科氏定律**。本節就來探討一下這個科氏力吧。

（注）科氏力的名稱源自法國科學家科里奧利（1792～1843）。

慣性力（假想力）的複習

在介紹科氏力前，先來複習一下慣性力吧。因為科氏力其實也是慣性力的一種。

一如在前面的章節介紹過的，有質量的物體都符合慣性定律（§11）。慣性，也就是物體傾向保持現有狀態的特性，依照觀測角度的不同，會使人以為有力量在作用的「錯覺」。這種力就是**慣性力**。這裡就讓我們用以前舉例過的日常現象來複習吧。

（例）行駛中的公車突然剎車

以等速直進的公車突然剎車時，乘客明明沒受外力作用，卻會突然會前倒，這就是慣性力。

公車中…慣性力　　　　　　　道路上…慣性定律

行進方向　哇啊　慣性力　　　哇啊　剎車

在路人眼中明明只是因慣性定律而維持運動狀態的現象，但對乘客而言卻像有力在作用。

使傅科擺旋轉的凶手就是科氏力

有名的「傅科擺」實驗證明了地球的自轉（§10）。本來應該沿著固定平面擺盪的單擺，在地表上看，擺盪面卻會慢慢旋轉。而使擺盪面旋轉的凶手的真面目，就是地球的自轉，這個力就叫做科氏力。

傅科擺

地球自轉導致的科氏力

一如最開始所舉的發射大砲的例子，科氏力可以用以下方式表述。

> 地球自轉導致的科氏力，作用方向與物體的行進方向垂直，在北半球會使物體向右偏，在南半球使物體往左偏。

為了理解這句話是什麼意思，讓我們想像從地球上的A點（北緯60°，東經0°），向南往赤道上同經度的目標射擊（無視空氣阻力）。發射後，砲彈以每小時緯度10°的速度前進（等於右圖中每小時往下移動1格）。

然後讓我們以1小時為單位，追蹤砲彈的移動吧。次頁的圖1A～圖7A是地球上的人觀察到的砲彈軌跡，而圖1B～圖7B則是從在宇宙遠方靜止不動的宇宙船上看到的砲彈移動情況（上方為北極，地球以逆時針方向旋轉）。

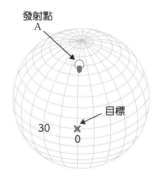

因為地球會自轉，所以在「地球上」的參考系統中，砲彈會如圖中所見往西偏移，如圖1A～圖7A所示。相對地，從「宇宙」這個靜止的系統（慣性系）來看，砲彈是筆直移動的，是地球在旋轉，如圖1B～圖7B所示。從地球上看時，會讓人以為砲彈往西偏轉的那股不存在的力量，就是科氏力。

把圖1A～圖7A整理成同一張圖，並加上在南半球從同緯度、同經度的地點（南緯60°、東經0°）用同一門大砲朝同一個目的地（赤道上東經0°）發射時，砲彈移動的軌跡。從下圖可以看出，科氏力的偏向在北半球是右偏，在南半球則是左偏。

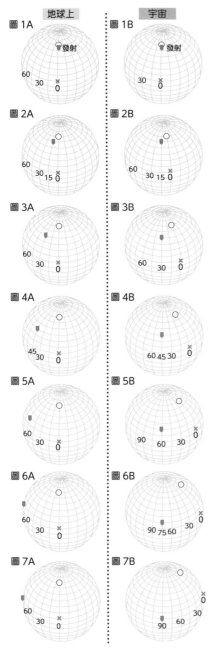

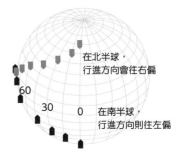

在北半球，行進方向會往右偏

在南半球，行進方向則往左偏

科氏力的偏向

上圖為在地表觀測的情況。由圖可見，科氏力的偏向在北半球會使物體朝行進方向右偏，在南半球則是往左偏。

颱風逆時針方向旋轉的原因

吹向低氣壓的風，在北半球會往左旋（逆時針）。這個現象也可以用科氏力解釋。因為低氣壓的氣壓比四周要低，所以周圍的空氣會往低氣壓的中心移動；但空氣在移動的過程因為科氏力而往右偏，結果就變成下圖的逆時針旋轉運動了。

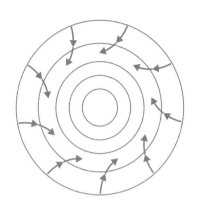

颱風的風向
圖中的同心圓為等壓線。空氣會從高壓往低壓移動，被吸進低壓中心；但行進方向受科氏力影響而向右偏轉，結果就變成以逆時針旋轉的方式前進了。

挑戰題

〔問題〕在以等速逆時針旋轉的圓盤上，將一顆球從圓心往外滾，試求這顆球的移動路徑。請分別分析站在圓盤上的人，和站在圓盤外的人看到的情況。

[解] 如下圖所示。從圓盤上看，球就像被某種力量往右推。（答）

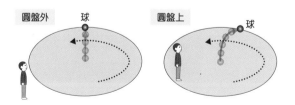

21
第2章 物理就是理解物體的運動
科氏力

§22

白努利定律

—— 飛機飛行依靠的原理

你有想過飛機的機翼為什麼截面是魚糕形？飛機的航速是怎麼測量的嗎？想解答這2個疑惑，就要用到白努利定律。

用流線思考

物質具代表性的狀態分別是液體、固體和氣體。而白努利定律正是描述氣體和液體（兩者合稱流體）運動的法則。

流體有各式各樣的型態，有的很乾爽滑溜，有的則具有黏性。而白努利定律描述的流體，是完全沒有黏性，可以自由流動的流體。這種流體就叫理想流體。白努利便是描述這種理想流體的基本定律。

思考流體的運動時，用流線來想像會比較容易理解。所謂的流線，指的是流場中各點都跟流體的速度向量相切的曲線。簡單來說，流線就是流體中固定一點在一定時間內移動的軌跡。而由流線圍成的管狀體則叫流管。

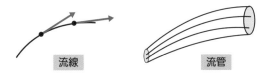

流線   流管

白努利定律是從能量守恆定律導出的

白努利定律可以用能量守恆定律推導出來。首先如下頁圖所示，想像一根細長流管的一段AB。

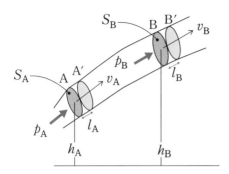

以1條流線為中心的極細流管

以AB兩端的截面積分別為S_A、S_B，各面的「高」為h_A、h_B。經過一小段時間後，AB移動到A′B′。此時，AA′和BB′的流管部分的動能和位能的和依序如下：

$$\frac{1}{2}(\rho S_A l_A){v_A}^2+(\rho S_A l_A)gh_A \ , \ \frac{1}{2}(\rho S_B l_B){v_B}^2+(\rho S_B l_B)gh_B \ \cdots(1)$$

為防大家忘記，下圖列出了位能和動能的計算公式。

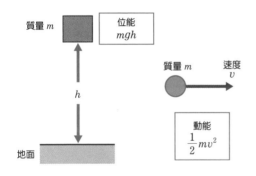

動能和位能的公式
把動能公式和位能公式
（§19）中的m置換成
$\rho S_A l_A$、$\rho S_B l_B$。

那麼，在短短的時間內，AB兩端的流體中的壓力，對截面積S_A、S_B各自做了l_A、l_B的功（§7、§19），兩者的作功大小如下：

$$(S_A p_A)l_A \ , \ (S_B p_B)l_B \ \cdots(2)$$

根據能量守恆定律，（1）的能量差，會等於流體壓力擠壓A部分的功與擠壓B部分的功的差（2），所以可得出下列的關係式：

$$\left\{\frac{1}{2}(\rho S_B l_B)v_B{}^2+(\rho S_B l_B)gh_B\right\}-\left\{\frac{1}{2}(\rho S_A l_A)v_A{}^2+(\rho S_A l_A)gh_A\right\}$$

$$=(S_A p_A)l_A-(S_B p_B)l_B \cdots (3)$$

另外，若流體的密度均勻，流體流入的流量和流出的流量相等（假設不會在途中堵塞），則：

$$S_A l_A=S_B l_B \cdots (4)$$

根據（3）、（4），可導出下列的關係。

$$\frac{1}{2}\rho v_A{}^2+\rho gh_A+p_A=\frac{1}{2}\rho v_B{}^2+\rho gh_B+p_B \cdots (5)$$

A、B可為流管中的任意點，並假設流管無限細，便可從（5）得出以下定理。這就是白努利定律。

密度 ρ 的流體自由流動時，1條流線上具有以下關係。v、h、p 分別為特定位置上流體的速度、高度、壓力，g 為重力加速度（§14）。

$$\frac{1}{2}\rho v^2+\rho gh+p=定值 \cdots (6)$$

這個守恆定律在具有黏性的流體上是不適用的。不過，已知大多數近似理想流體的流體都可套用這個公式。

公式（6）中最重要的一點，就是當流體速度增加時，壓力會減少這件事。這個性質被運用在流體力學的很多地方。

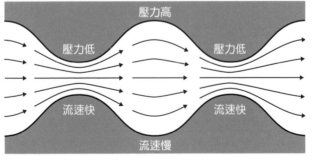

流速增加時
壓力減少
根據白努利定律（6），可知流體的速度增加時，壓力會減少。

飛機飛行的原理

　　白努利定律是飛機飛行的主要原理。請各位看看下圖機翼的剖面。圖中有4條流線，自遠方A吹來的每條流線，在公式（6）中的「定值」都是相同的。而當這4條流線流過機翼時，為了同時在機翼後方的B點會合，上面2條的流速一定得比下面2條的流速快。所以，根據白努利定律，機翼上方的壓力會減少，結果就形成了對機翼的升力。

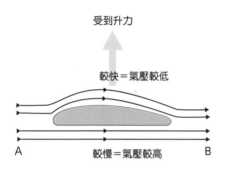

受到升力

較快＝氣壓較低

A　　較慢＝氣壓較高　　B

飛機飛行的原理
機翼設計成橢面，使經過機翼上方的空氣流動較快。如此機翼下方的壓力就會（相對）變高，讓機翼產生升力。

球會自己轉彎的原因

　　棒球和足球等運動中，都有藉由使球旋轉，讓球在空中轉彎的技巧。這種技巧也可以用白努利定律來說明。如下圖所見，假設一顆球朝行進方向順時針旋轉，此時圖上方的流體會加速流動，使球受力偏移。

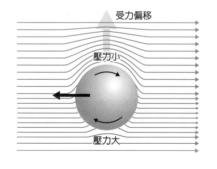

受力偏移

壓力小

壓力大

曲球的成因
由於球在旋轉，所以從圖上方流過的流體會比下方的流體快。因此，根據白努利定律，下方的壓力（相對）升高，使球受力偏轉。

飛機飛行的原理很大一部分依賴白努利定律,而飛機的測速靠的其實也是這個定律。

飛行時,機翼最尖端處的流速為0。這個壓力稱為機翼的「全壓」。而機翼上方的流速就是飛行速度,這個壓力稱為機翼的「靜壓」。全壓和靜壓會因流體的速度不同而產生壓力差。只要測量這個壓力,就能從白努利定律計算流體的速度(相對的機翼速度)。

而測量全壓和靜壓的壓力差的儀器則是**皮托管**。皮托管對飛機而言,是不可或缺的儀器。

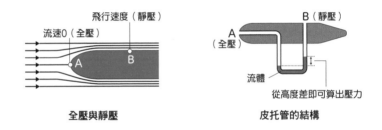

全壓與靜壓   皮托管的結構

在戰爭片或科幻片中,潛水艇在海底航行時,旋轉的螺旋槳會產生很多氣泡。還有魚雷發射後尾端也會拖著一條氣泡。這些氣泡的祕密也可用白努利定律解釋。實際上,海水並不存在可以產生大量氣泡的空氣。這些氣泡的真面目其實是在常溫下「沸騰」的水蒸氣。

高速旋轉的螺旋槳會增加周圍流體的流速,根據白努利定律,流體的流速增加而壓力下降。壓力一旦下降,海水的沸點也會跟著下降(§48)。而高速旋轉的螺旋槳,會使流體的沸點降到常溫之下。所以,螺旋槳周圍的水因此沸騰,產生水蒸氣的氣泡。這個現象在流體力學中稱為**空蝕現象**(cavitation)。

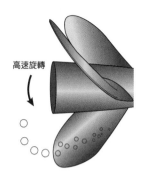

空蝕現象

因為螺旋槳快速旋轉，使周圍的海水也
快速流動。而依照白努利定律，海水的
壓力也跟著下降。結果，海水的沸點因
而降低，在常溫也會沸騰。這就是泡泡
的真面目。

經常被誤解的白努利定律

這世上或許沒有比白努利定律更容易被誤解的自
然定律。例如右圖是個非常有名的實驗。把湯匙放到
水龍頭的水下，水龍頭的水會被湯匙吸過來。許多文
獻會寫「這個現象就是白努利定律」，但這其實是錯
的。況且湯匙的曲面端根本不是流線形。

具有黏性的流體碰到曲面時，會發生被曲面吸過
去的現象，這種現象叫做寬德效應。就是這個作用造
成水被湯匙吸引的現象。

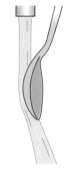

🖐 挑戰題

〔問題〕在一個大淺水槽裡裝滿水。
在距離水面深 h 的地方打一個小洞，
從洞裡噴出的水的流速為 v。試利用
白努利定律求 v 的大小。

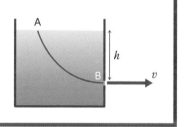

[解] 如上圖假設 A、B 兩點。根據公式（6），在 A 點時 $h=h$、$v=0$，因為 B 點的 $h=0$
（p 相同）、$1/2\rho v^2 = \rho gh$。由此可推出 $v = \sqrt{2gh}$（這叫托里切利定律）。（答）

§23

都卜勒效應
—— 救護車通過時音高忽高忽低的原因

在路邊等紅綠燈時如果有救護車鳴笛而過，從遠方靠近和逐漸離去時的鳴笛聲聽起來會不太一樣。感覺會由高轉低，這個現象叫做**都卜勒效應**。

音高發生變化，就代表聲音的頻率出現改變。本節就讓我們來推導這個頻率變化的公式吧。

波的複習

在開始之前，先來複習一下波的知識。

波可分為「縱波」和「橫波」。波的媒介振動方向與波的行進方向相同的是**縱波**，與行進方向垂直的是**橫波**。例如音波屬於縱波，光、電波、和在水面傳遞的波則是橫波。

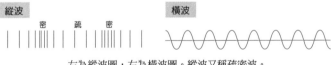

左為縱波圖，右為橫波圖。縱波又稱疏密波。

波會在傳遞介質的各點週期性地運動。因此，如果只考慮各點位置的移動（位移），縱波或橫波在理論上都是一樣的。所以，一般會用視覺上較容易表現的橫波來說明波的理論。

縱波的介質各點振動方向與前進方向平行，橫波則是垂直。但只考慮移動（位移）的話，在數學上是一樣的，所以解釋波的時候常常只用容易畫圖的橫波。

波有**波長**、**振動數**（即**頻率**）以及**波速**等基本要素。波長是波振動一周的基本單位長度。振動數（＝頻率）是單位時間內波振動的次數，單位是Hz（赫茲）。波速則是單位時間內波傳遞的距離。

現在，假設有個頻率10Hz（1秒內振動10次）的橫波，波速為20 m/s。用相機拍下這個波在某個瞬間變化的情況（下圖）。

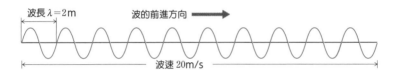

如圖所示，波的基本單位長度 λ 稱為**波長**。此例中，由於1秒間振動10次，波速為20m/s，故關係式如下。

波速20(m/s)＝波長2(m)×頻率10（次/s）

這個公式適用於所有的波，因此又可整理如下。

波長 λ、頻率 ν 以波速 c 傳遞時，$c = \lambda \nu$ … (1)

這就是**波的基本公式**。

（例題1）請問波長10cm的音波，頻率 ν 是多少？

[解] 若以音速為340m/s，$\nu = c/\lambda = 340/0.1 = 3400$Hz（答）

都卜勒效應的公式（波源在移動時）

那麼前置準備完成後，接著就來求都卜勒效應的公式吧。以下為了幫助各位更具體地想像，全部用音波當例子。然後音速用 c 表示，頻率（＝振動數）為 ν，波長記號為 λ。

首先，來看看音源以頻率 ν_0 靠近時的情況。下圖中，我們用4張分解圖表示1秒內，音源 A 以速度 v 朝觀測者 P 接近的狀況。並假設1秒鐘後，音波傳到 P 的耳中。

這裡讓我們把最右邊的圖放大看看（右圖）。音源 A 跟觀測者 P 之間（AP）的波數與原本的波的頻率 ν_0 相等。此外，由於 AP 的距離等於 $c-v$，所以 P 觀測到的波長 λ' 如下。

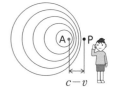

c 為音速，v 是音源的速度。AP＝$c-v$ 的部分含有 ν_0 個波的單位。

$$\lambda' = \frac{c-v}{\nu_0}$$

根據波的基本公式（1），可用以下算式求出 P 觀測到的頻率 ν'。

$$\nu' = \frac{c}{\lambda'} = \frac{c}{(c-v)/\nu_0} = \frac{c}{c-v}\nu_0 \cdots (2)$$

當音源逐漸遠去的時候，只要在音源 A 的速度 v 前加上負號即可，這點從前面的圖即可明白。

（例題2）以音速為1225km/h，救護車時速為50km/h。當從前方的馬路聽到救護車的鳴笛聲時，請問鳴笛聲靠近和遠去時，聽到的頻率分別是原音的幾倍？

[解] 根據公式（2），靠近時的頻率為 ν_1'，遠去時的頻率為 ν_2'，可用下列算式求出。

$$\nu_1' = \frac{1225}{1225-50}\nu_0 = 1.04\nu_0 \,, \quad \nu_2' = \frac{1225}{1225+50}\nu_0 = 0.96\nu_0$$

故可知靠近時聽到的頻率約為原音的1.04倍，遠去時的頻率則約0.96倍。（答）

高頻率　聽起來較尖銳　低頻率　聽起來較低沉

靠近　遠離

都卜勒效應的公式（觀測者在移動時）

接著，再來看看音源靜止不動，波的觀測者P以速度 u 朝波的行進方向移動（遠離音源）的情況。

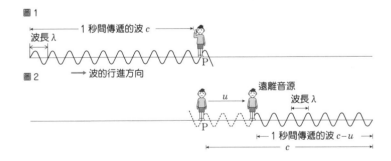

圖1

波長 λ　1秒間傳遞的波 c

P

波的行進方向

圖2

遠離音源

u　波長 λ

P

1秒間傳遞的波 $c-u$

c

圖1是觀測者P現在的位置。P的左側，是觀測者靜止不動時，1秒鐘內可以觀測到的波形。

然後下面的圖2是1秒鐘後情況。觀測者P朝畫面右方前進了 u，因此從最初聽見聲音到聲音停止時的距離為 $c-u$。觀測者P感覺到的波頻率 ν''，即1秒鐘內接受到的波的數量，由於波長 λ 不變，故可得到下列關係。

$$\nu'' = \frac{c-u}{\lambda}$$

根據波的基本公式（1）消去 λ 後，

$$\nu'' = \frac{c-u}{\dfrac{c}{\nu_0}} = \frac{c-u}{c}\nu_0 \ \cdots \ (\,3\,)$$

這就是計算觀測者遠離音源時的頻率變化的公式。

而從以上的計算同樣可以推知，觀測者靠近音源的時候，只要在P的速度 u 前面加上負號即可。

（例題3）一輛高速列車通過月台。假設音速為1225km/h，電車的速度為100km/h。請問車上的乘客進入車站和離開車站時，聽到的頻率分別是車站廣播原音的幾倍？

[解] 根據公式（3），假設離開月台時的頻率為 $\nu_1{}''$，進入月台時的頻率為 $\nu_2{}''$，則兩者分別用以下算式求出。

$$\nu_1{}'' = \frac{1225-100}{1225}\nu_0 = 0.92\nu_0 \ , \ \nu_2{}'' = \frac{1225+100}{1225}\nu_0 = 1.08\nu_0$$

故進入月台時的頻率約為車站廣播原音的1.08倍，駛離月台時的頻率則約0.92倍。（答）

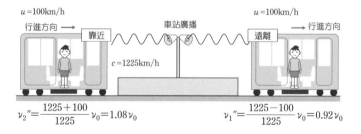

都卜勒效應的應用

都卜勒效應是個非常實用且重要的物理現象，被運用在現實生活中的

很多事物。其原理非常單純,只需知道對方傳遞過來的波的頻率,再套用公式(2)(3)就能掌握對方的運動情形。

（應用例1）測速槍

在棒球和網球比賽的實況中,常常可在轉播畫面上看到即時的球速。多虧這項功能,我們才能理解職業選手們有多厲害。而這項功能是靠測速槍實現的。近年,便宜的產品不到1萬日幣就能買到,所以也常常被用在日本的少棒比賽。

普及型的測速槍大多是靠發射超音波,然後測定其反射波的頻率變化,再用公式(2)計算出球速。

（應用例2）都卜勒雷達

大型機場都裝有一種名叫都卜勒雷達的裝置。這是用來觀測俗稱下擊暴流的強烈下氣流,保護飛機起降安全的觀測裝置。當電波碰到氣流時,其反射波的頻率會出現變化,只要測量該變化,即可用公式(2)推知大氣的動態。

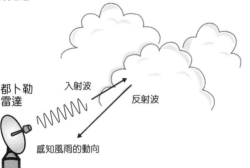

都卜勒雷達
除了雨珠和冰粒的分布外,還能掌握它們的動態。

都卜勒雷達　入射波　反射波

感知風雨的動向

挑戰題

〔問題〕以10m/s前進的觀測者後方,有一輛發出頻率960Hz鳴笛聲的救護車,以20m/s的速度靠近,請問觀測者接收到的鳴笛頻率 ν 是多少?設音速為340m/s。

[解] 根據公式(2)(3),可算出 $\nu = \dfrac{340-10}{340} \times \dfrac{340}{340-20} \times 960 = 990\text{Hz}$ (答)

波的疊加原理
—— 不屬於粒子的波的根本性質

　　波是現代物理最重要的基本現象之一，而波的最大特徵就是「疊加原理」。本節就讓我們來認識這個原理。

波峰與波谷

　　要討論「波的疊加」，就要用到波峰、波谷、位移等名詞。右圖畫的是典型的波（正弦波），波峰、波谷、位移的意思就如圖所示。

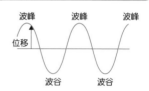

波的疊加原理

　　所謂的波，就是介質的週期性運動。而介質位置的移動就叫位移（見上圖）。波的位移遵循下列定律。

> 當2個波重疊時，只需將兩者的位移相加，即是新形成的波的位移。此即波的疊加原理。

　　譬如，假設有2個波分別從左右靠近（右圖為了便於理解，所以只畫了1個波峰）。這時，只要單純地將2個波的位移（本圖中即是波峰的高度）相加，就是新形成的波。但最後2個波只會互相穿過彼此。這就叫波的獨立性。

　　這個實驗可以在浴缸或水槽輕鬆重現。左右兩手從兩邊輕輕拍動水面，即可從左右

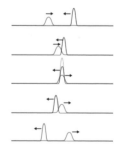

手產生的波觀察到如左頁圖的運動。

波的干涉

　　一如前圖所見，只看結果的話，波的運動是互相獨立的。然而，其實在兩波重疊的地方，會出現名為**波的干涉**的重要性質。簡單來說，當2個波重疊，兩波的波峰完全一致的時候，波的位移就會變大。相對地，當一波的波峰與另一波的波谷重疊時，波的位移會互相抵消。這是不屬於粒子的波獨有的性質。

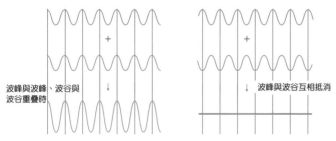

波峰與波峰、波谷與波谷重疊時
波峰與波谷互相抵消

在左圖2個波峰與波峰重疊的時候，根據疊加原理，波會變得更強。而在右圖波峰與波谷重疊的情況，同樣根據疊加原理，波會互相抵消。這就叫波的干涉。

簡單的波的干涉實驗

　　讓我們再次用浴缸進行實驗。

　　首先把食指放在水面，然後慢慢上下搖動。如此應該會在水面看到如右圖般的同心圓狀波紋。

　　清楚觀察到波紋後，接著伸出右手的食指和中指，張開來放在水面。然後，兩隻手指同時上下震動（下頁例圖中的P、Q即是食指和中指的位置），應該就會觀察到這樣的波紋。

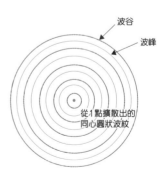

波谷
波峰
從1點擴散出的同心圓狀波紋

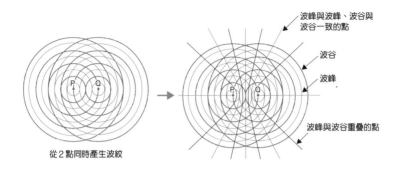

波峰與波峰、波谷與
波谷一致的點

波谷

波峰

波峰與波谷重疊的點

從2點同時產生波紋

食指和中指做出的水波的波峰與波峰、波谷與波谷重疊的地方，會形成高峰和深谷，變成一條曲線（在數學上為雙曲線）。這條曲線的出現，正是波的干涉現象最明顯的證據。

拍頻——波長很長的波

將2個波長有些許差異的波重疊在一起（下圖中的上2個波）。結果，會像最下面的圖一樣，形成一個波長很長的波。這個現象就稱為**拍頻**。

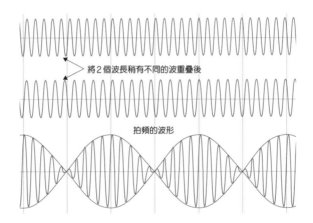

將2個波長稍有不同的波重疊後

拍頻的波形

拍頻
將2個頻率稍微不同的波重疊後，乍看之下，會形成一個
波長很長（換言之頻率極低）的波。

雖然「拍頻」和強風中電線「嗚嗚作響」的日文發音相同，但原理是不一樣的。電線會在風中嗚嗚作響，是渦流造成的。

收音機廣播不能沒有疊加原理

收音機的AM廣播，就是使用一種名為振幅調變的技術，將聲音訊號放在電波中的。

人耳聽得到的音頻大約在20Hz到20kHz（千赫茲）之間，根據波的基本公式（§23），如果直接將這個頻率的聲音發送成電波的話，波長將長達幾公里，要接收這樣的訊號實在太不現實了。因為根據基本公式，收音天線的長度必須是接收波長的一半。

因此，實際發送的廣播電波，是與1MHz（百萬赫茲）左右的電波重疊而成的合成波。藉由這種技術，就能將天線的長度控制在實用範圍內，可以裝在家裡的收音機上接受廣播訊號。

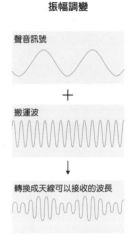

振幅調變

聲音訊號

＋

搬運波

↓

轉換成天線可以接收的波長

挑戰題

〔問題〕浮在水面上的油，在陽光下會呈現彩虹色。請試著思考為何會出現這個現象。

[解] 太陽光含有各種波長的光。被油膜反射的光與穿透油膜後才被反射的光，兩者會因傳遞距離不同而出現干涉現象；波峰和波峰、波峰和波谷的距離會因光的波長而異，使得有些顏色較強，有的顏色較弱，呈現各式各樣的顏色。這就是看起來像彩虹的原因。這個現象是光具有波的性質的有力證據。（答）

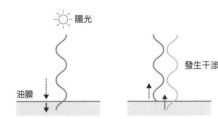

陽光

發生干涉

油膜

惠更斯原理和反射定律

—— 描述波傳遞的本質時不可少的原理

波在介質中是如何傳遞的呢？荷蘭科學家惠更斯在1678年發現了這個問題的根本答案。

波陣面、平面波、球面波

要了解什麼是**惠更斯原理**，首先要了解波陣面、平面波、球面波等名詞。

將波峰、波谷的部分連起來，畫出的直線或平面、球面等圖形，就叫**波陣面**。波陣面如果是平面或直線的話就是**平面波**，是球形或圓形的話則叫**球面波**。當然，除了這兩者外還有其他各種波，但這2種是基本。其中，與平面波的波陣面垂直，表示波的行進方向的線，又叫**射線**。

惠更斯原理

惠更斯原理可表述如下。

> 某時刻的波陣面上的任意點，都會產生球面波，而該波下一時刻的波面，就是前一時刻各點產生的球面波的疊加結果。

這種把波的傳遞詮釋成球面波一代一代衍生下去的理論，就是「惠更斯原理」。

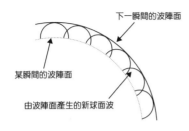
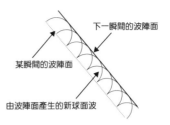

下一瞬間的波陣面

某瞬間的波陣面

由波陣面產生的新球面波

因為聽起來很抽象,所以下面我們舉幾個例子來看看是什麼意思。

波的繞射

　　第一個例子,是在波的前方放一面牆壁,牆上開了個小孔的實驗。如右圖所示,波會鑽過牆上的小孔,穿出後變成球面波擴散。由這個現象可以非常清楚看出惠更斯理論的正確性。

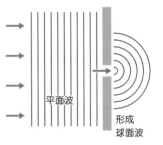

平面波

形成球面波

　　接下來的例子,則是在平面波的前方放置障礙物。波在撞到障礙物時,會繞過障礙物到它的背面(影子部分)。建議大家可以在浴缸裡自己實驗看看。

　　以上2個例子中,行進中的波在遇到障礙物時,會自己繞道至障礙物後方(影子部分)的現象,就叫做**繞射**。這個現象跟前一節介紹的「疊加原理」一樣,都是粒子運動中觀察不到、波獨有的性質。

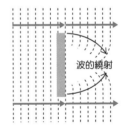

波的繞射

　　這種繞射現象只要用惠更斯原理就能簡單說明。是因為牆壁邊緣的波陣面會產生新的球面波。

　　有時房門開著的時候,即使看不見裡面的人,也能聽到房裡的人聲。這也是因為聲音的本質就是藉空氣傳導的波,而聲波從門口繞射的結果。

反射定律

　　波撞上牆壁的時候,會跟粒子一樣反射。實際上,若將入射平面波的

射線跟牆面的法線的夾角（**入射角**）設為i，反射波射線和壁面的法線的夾角（**反射角**）設為j，則可以得到以下關係。這稱之為**反射定律**。

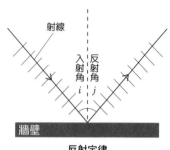

射線
入射角 反射角
i j
牆壁
反射定律

> **入射角i跟反射角j相等。**

　　順帶一提，光具有波的性質，所以也遵循反射定律。

（例）在鏡子裡看見的蘋果跟真正蘋果，根據反射定律，會以鏡面為中線呈對稱關係。鏡子反射出來的蘋果，看起來就好像真的存在於鏡子裡面，也是因為反射定律。鏡中反射出的蘋果，就稱為真實蘋果的**虛像**。

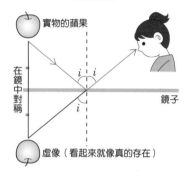

實物的蘋果
在鏡中對稱
i i
i
鏡子
虛像（看起來就像真的存在）

用惠更斯原理證明反射定律

　　反射定律的原因，可以用惠更斯原理清楚地說明。一如下頁的圖左所示，假設有一以入射角i射入的平面波，以及該平面波的2條射線α、β。先碰到牆面的α，依據惠更斯原理，會以P為中心產生球面波。而後到的β在到達Q點時，可以連接Q點和球面波，畫出切線QA。依照波陣面的定義，QA會形成新的波陣面反射出去。將上面敘述畫出來就是右邊的圖。由圖中可了解，在幾何學上$i＝j$。

　　（注）利用△APQ和△BPQ全等。

　　2條射線α、β可隨意描繪。因此，可證明平面波整體的入射角i和反射角j相等。

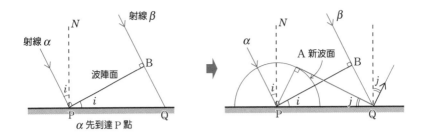

假設某平面波的射線 α、β。β 到達 Q 的時間會比 α 到達 P 點的時間稍
慢，而波到達 P 點後，以 P 點為中心產生的球面波半徑與 QB 等長（即
PA＝QB）。所以，利用新波面 AQ 與球面波相切的關係，即可證明入
射角 i 等於反射角 j。

漫射跟鏡射

上面討論的反射是在理想壁面上的
反射。這種反射稱為鏡射。與鏡射相反
的反射，例如陽光在雪面上的反射，難
以看出反射波規律的反射情況，則稱為
漫射。現實中，反射的性質介於這兩者
中間。

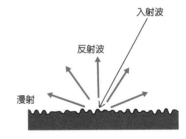

挑戰題

〔問題〕身高 160cm 的人，想在鏡中看見自己的全身時，鏡子最少需
要幾 cm 高？

[解] 想看見自己的腳趾，根據反射定律，鏡子需要在
從腳趾到眼睛的高度一半高的位置。而想看到自己的頭
髮，鏡子需要在眼睛到頭頂中間的位置。因此，最少需
要身高一半高度的鏡子。故答案是 80cm 高的鏡子。
（答）

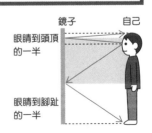

§26

折射定律

—— 眼鏡和相機鏡頭設計必不可少的定律

　　眼鏡和相機的鏡頭都是利用光的折射，改變光的前進方向，藉此控制光。本節，我們要探討的就是「光的折射」現象。

什麼是折射

　　光在透明的均質物質中會直線前進，例如空氣、玻璃、清水中等。然而，當光通過空氣和水、或水和玻璃等不同性質的物質時，會在2種材質的交界處出現歪斜錯開的現象。這種現象就叫折射。

　　例如在杯子裡裝水，然後斜斜地放入1支筷子，筷子在水面的部分看起來就像被折斷了一樣。這是因為光在水和空氣的交界面產生了折射。

折射定律

　　光可以被看成一種波。折射現象發生時，光偏折的角度有一定的規律。例如右圖中，平面波從介質 I 進入介質 II 時出現折射。入射平面波的射線與交界面的法線之夾角（入射角）i，跟折射波的射線與交界面的法線夾角（折射角）r的正弦比有以下關係。

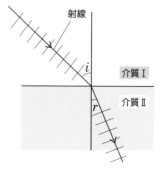

射線

介質 I

介質 II

$$\frac{\sin i}{\sin r} = n_{12} \cdots (1)$$

(注) 關於三角函數sin，請參考本節末的〔附註〕部分。

右邊的常數n_{12}的值稱為介質 I 對介質 II 的 **折射率**。

這個公式（1）就是 **折射定律**。特別是光的折射，又依照發現者的名字被稱為 **司乃耳定律**。

(注) 司乃耳是荷蘭的科學家（1580～1626）。有時即使不是描述光，也會將折射定律稱為司乃耳定律。

用惠更斯原理證明折射定律

折射定律的原因可以用惠更斯原理來證明。如下圖左邊所示，一入射的平面波的2條射線α、β與交界面相交於P、Q兩點，其入射角為i。根據惠更斯原理，先到達交界面的α會發出以P點為中心的球面波。當β抵達Q點時，可以連接Q點和球面波，畫出切線QA。根據波陣面的定義，此切線QA會形成新的波陣面。右下圖描繪的就是上述情況。

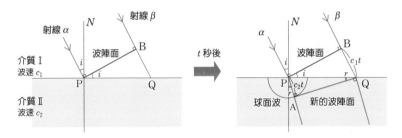

此時，介質 I 和介質 II 中的波速為c_1、c_2，波從B到達Q點所需的時間為t。而由圖可知，

$$\triangle PQB的 \sin i = \frac{QB}{PQ} = \frac{c_1 t}{PQ} \quad , \quad \triangle PQA的 \sin r = \frac{PA}{PQ} = \frac{c_2 t}{PQ}$$

故，$\dfrac{\sin i}{\sin r} = \dfrac{c_1}{c_2} \cdots (2)$

2條射線α、β可隨意描繪。因此可知，（2）的關係適用所有的平面波。如此便用惠更斯原理證明了折射定律。

比較一下公式（1）和公式（2），就能看出折射率其實便是「不同介質中的波速的比值」。

此時，假設介質 I 為真空，而光速為 c，則公式（2）便可寫成下面的形式。

$$\frac{\sin i}{\sin r} = \frac{c}{c'} \cdots (3)$$

其中 c' 就是介質 II 中的光速。

不同介質在公式右邊的值是固定的，稱為**物質的折射率**，通常寫成 n。用 n 來表示時，公式（3）則呈現如下。

$$\frac{\sin i}{\sin r} = n \quad (唯 n = \frac{c}{c'}) \cdots (4)$$

注意此式是假定入射光通過真空的情況。因為光在真空中的速度最快，所以公式（4）的折射率 n 通常會大於1。

折射率 n 是了解材質特性的重要數值。以下列出生活中代表性的物質折射率。

介質	折射率 n	備註
真空	1	以真空為1
地球大氣	1.00029	
水	1.333	
聚碳酸酯	1.59	CD、DVD的材質
鑽石	2.42	因折射率很大，所以閃閃發光
水晶	1.54	

（注）折射率會因光的波長而有些許差異。光學材料的折射率一般以波長589.3nm的光為標準。

眼鏡用的塑膠鏡片折射率約在 1.5～1.8之間。折射率愈大，鏡片就可以做得愈薄，所以折射率對鏡片是非常重要的特性（右圖）。

海市蜃樓也是折射造成的

以春天的富山灣為例，當被太陽加熱的空氣從陸地流向海洋時，貼近海面的冷空氣層上方，會形成一層暖空氣層。這個時候，原本應該射向上空的光，會在冷空氣和暖空氣的交界面發生折射，射回地面（根據「折射定律」，光會彎向折射率較大的冷空氣）。所以，才會在遠方看到不符合現實的情景。這就是海市蜃樓。

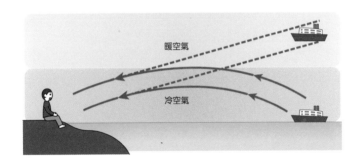

順帶一提，海市蜃樓也會在地表較暖，上空較冷的時候出現。例如沙漠或乾熱地面的「水窪」海市蜃樓。

全反射和光纖

在水中抬頭朝向天空，水面有時會像鏡子一樣，看不見外面的景象。這個現象稱為全反射。全反射的原因也可以用折射定律解釋。現在，想像你從游泳池的底部抬頭向上看。水的折射率為1.33（見前頁表），而空氣的折射率近似真空，套用折射定律的公式（4）後就是以下結果。

$$\frac{\sin i}{\sin r} = \frac{1}{1.33} = 0.75 \cdots (5)$$

在解釋折射率定義的時候，我們說過折射率就是光從真空進入其他物質的折射比率；而在這個泳池問題中，狀況卻剛好相反。因此，要注意公式（4）中的分母和分子的角色是顛倒的。

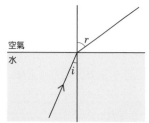

但這裡會遇到一個問題。當入射角 i 放大，$\sin i$ 大於0.75的時候，根據公式（5），$\sin r$ 就一定要大於1。然而正弦（$\sin$）的值是不可以超過1的（參見下頁的〔附註〕）。所以，折射公式（5）會失去意義。具體可見下圖。

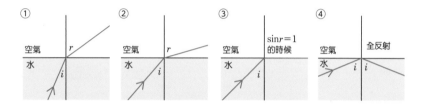

由公式（5）可知，當入射角的正弦 $\sin i$ 為0.75時，$\sin r$ 為1。也就是上面的圖③。經過計算後，可知當入射角 i 為48.6°時，會出現③的狀況。

所以，當入射角比③的情況還要大的時候，光就會無處可去，在交界面反射。這就是「**全反射**」現象。

整個資訊時代都建立在這個全反射的現象上，因為它正是光纖的基本運作原理。

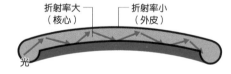

光纖的基本原理
利用全反射，使光在彎曲的纜線中也不會外漏，可以一路傳遞下去。

挑戰題

〔問題〕在無風的晴朗冬夜，遠方電車的聲音有時聽起來會比實際更近。除了因為夜晚沒有噪音干擾外，另一個原因便是聲音的折射。請解釋其中的原理。

[解] 在無風的晴朗冬夜，地表會因輻射冷卻而降溫，溫度低於上空的氣溫。而音速在氣溫較高的地方較快，所以根據折射定律，在高處的聲音會傳得比較快。因此使得遠方的聲音聽起來比實際更近。（答）

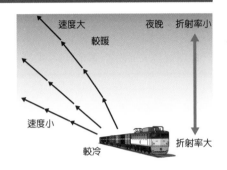

速度大　　　　夜晚　折射率小

較暖

速度小

較冷　　　　　　　　　折射率大

附註

複習三角函數的正弦sin

如右圖，假設有個直角為C的直角三角形ABC，三邊長分別為 a、b、c。當底角A的大小為 x 時，正弦 $\sin x$ 的定義如下。

$$\sin x = \frac{a}{c} \quad (0 \leq x \leq 90°) \cdots (1)$$

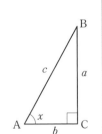

由圖可知，斜邊 c 一定比邊 a 大，所以根據定義 $\sin x$ 的值滿足下列公式。

$$0 \leq \sin x \leq 1$$

當圖中的 $x = 0°$ 時 $a = 0$，套用（1）可得

$$\sin 0° = 0$$

而圖中的 $x = 90°$ 時 $a = c$，套用（1）可得

$$\sin 90° = 1$$

COLUMN

證明等加速度運動的公式

在§16，我們在介紹等加速度運動時利用了一個有名的公式。

沿 x 軸方向以等加速度 a 運動的點，在時刻 t 時的速度為 v，則位置 x 可表示如下。假設時刻0時該點靜止於原點。

$$v=at，x=\frac{1}{2}at^2 \cdots（1）$$

雖然這個公式只要用微積分就能輕鬆證明，但這裡我們刻意不用微積分，用其他方法來證明看看。

加速度是速度變化的比率，由於加速度為定值 a，故初速0的時候，時刻 t 時的速度 v 可以表示如下（右圖）。

$$v=at \cdots（2）$$

這樣，（1）的第一條公式就出來了。

然後，在時刻 t_1 時，速度 v 的質點在微小時間 $\varDelta t$ 中的位移為

$$v\varDelta t$$

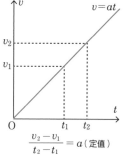

$$\frac{v_2-v_1}{t_2-t_1}=a（定值）$$

這也就是右圖中藍色長方形部分的面積。由於所有的時間都適用這個關係，所以將微小時間 $\varDelta t$ 的長度縮短，就是右圖中 $\triangle$OAB的面積從時刻0到 t 的位移，也就是質點的位置 x。

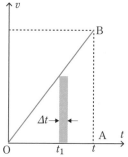

$$x=\triangle\text{OAB的面積}=\frac{1}{2}t \times at=\frac{1}{2}at^2 \cdots（3）$$

將（2）、（3）合併後就會得到（1）了。

第3章

理解「電」就能
理解近代科技的基礎

庫侖定律

—— 電的知識中，基礎中的基礎定律

　　庫侖定律是現代電磁理論中最基礎的定律。本節就讓我們一邊回顧電學的歷史，一邊思考庫侖定律的意義吧。

庫侖定律的誕生前夜

　　西元前600年左右，自然哲學家泰利斯發現了「用琥珀摩擦動物的皮毛後，就能用來吸附髒東西或灰塵」。然後到了1600年前後，英國科學家吉爾伯特（1544～1603）發現了電和磁力的差異，並創造electricity這個詞來稱呼電。這就是現代電磁學的出發點。順帶一提，electricity就是來自希臘文中琥珀的發音（elektron）。

　　但在這之後，電磁學的研究進展仍十分緩慢，直到1746年，荷蘭萊頓大學的Pieter van Musschenbroek發明了萊頓瓶，找到了儲存電力的方法後，電學的研究才開始急遽加速。萊頓瓶的原理是在一個玻璃瓶的內外貼上金屬箔紙，然後將靜電儲存在內側的金屬（下圖）。

　　多虧了萊頓瓶的發明，科學家們才發現了電具有正負兩種狀態，以及同性電會相斥，異性電會相吸的現象。至此，發現庫侖定律的土壤才終於完備。

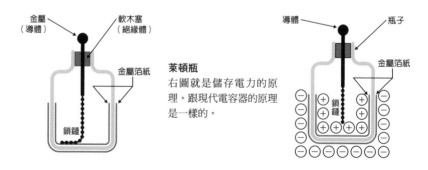

萊頓瓶
右圖就是儲存電力的原理。跟現代電容器的原理是一樣的。

金屬（導體）　軟木塞（絕緣體）　金屬箔紙　鎖鏈　導體　瓶子　金屬箔紙　鎖鏈

接著讓我們稍微換個話題，來看看磁鐵的歷史。在西歐，西元前600年前後，希臘的馬格尼西亞地區就盛產天然的磁鐵礦，人們也知道磁鐵可以吸附鐵器的現象（磁鐵的英語「magnet」據說正是取自這個地名）。同一時期，中國也已發現磁鐵的存在，並用其製作能指示南北的道具＝**指南針**，後來傳至西歐後開創了大航海時代。

早期的指南針
最早的時候，是把磁化的針插在軟木塞中，然後放在水面上使用。

磁力的研究比電更加緩慢。因為要真正理解磁的本質，需要運用現代量子力學的理論，所以在量子力學誕生前，科學家們很難理解什麼是磁。這就是當時與磁力分不開的庫侖定律被發現前的科學界現狀。

庫侖定律

在討論摩擦的時候，我們就已提到用庫侖的名字命名的物理定律（§2），而本節要介紹的則是另一個以庫侖命名的定律，而且還更加有名。也就是電和磁作用的法則。在1787年被發現的這個公式，可以用以下方式敘述。

> 2個點電荷（點磁荷）作用於彼此的力相等，並與電量（磁量）乘積成正比，與兩點距離的平方成反比。且作用力的方向永遠在兩點的連線上。

這個「與距離平方成反比」的定律（**平方反比定律**），我們在牛頓的萬有引力一節中也介紹過（§14）。「距離愈遠則作用力愈弱」是一般可推論出的常識。而平方反比定律描述的便是這個衰弱現象的具體程度。

接著讓我們用公式來描述**庫侖定律**吧。假設有2個點電荷 q、Q，彼此的距離為 r。此時，兩者的交互作用力 F 可表示如下（換成磁力也一樣）。

$$F = k \frac{qQ}{r^2} \quad (k\text{為常數})$$

點電荷與點磁荷

這裡要讓我們補充解釋一下什麼是點電荷和點磁荷。所謂的**點電荷**，就是大小無限小的帶電粒子。此時，庫侖定律可表示成下面的圖。

點電荷　　　距離

電荷的庫侖定律
「兩點對彼此的作用力相等，方向永遠在兩點連成的直線上」是作用力與反作用力定律（§3）的一例。

點電荷是物理上的理想模型，不存在於真實的微觀世界，但可以更方便地表達這個理論。

而點磁荷則是更加理想化的概念。跟電荷不同，磁鐵的N極和S極無法單獨存在。然而，假如把磁極當成獨立的存在，則磁極也存在跟點電荷一樣的關係。此時庫侖定律可以表示成下面的圖。

點磁荷　　　距離

磁荷的庫侖定律
點磁荷本身是無法獨立存在的，但如果假設有這麼一個理想存在，就能更清楚地解釋作用力的關係。

使發現庫侖定律成為可能的「扭秤」

所有偉大研究的背後，都存在默默支撐它們的測量器具。而在背後支撐庫侖定律這項發現的測量器，則是**扭秤**。

扭秤在之後的研究也扮演很重要的角色，所以讓我們在這裡認識一下它的原理。扭秤的大致構造如下一頁圖所示。從圖可以看出，扭秤是用一條水晶線的扭轉來表現電荷的微小變化，是種可以測量極微小的力量變化的劃時代秤具。後來的科學家們，也是靠著這項工具才有了各種發現。

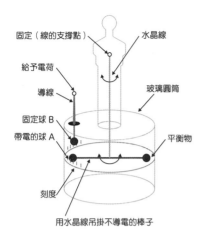

固定（線的支撐點）　水晶線

給予電荷

導線

固定球 B

帶電的球 A

平衡物

刻度

用水晶線吊掛不導電的棒子

玻璃圓筒

扭秤

在可以透視內部的玻璃圓筒中，用水晶線吊起一根不導電的棒子。棒子的一邊固定著一粒帶電的球A，另一邊綁上平衡的重物。接著，用固定球B靠近球A，從外部通電。然後帶電的球A、B之間的作用力會扭動水晶線。最後再用刻度判讀水晶線的扭轉程度。

🖐 挑戰題

〔問題〕2個帶正電的點電荷，測得兩電荷間的作用力大小為 F。若兩電荷的距離縮短為原本的一半，請問作用力會變為原來的幾倍？還有，若距離變為2倍，作用力又會變為幾倍？

〔解〕 根據庫侖定律，答案依序為 $\dfrac{1}{0.5^2} = 4$ 倍，$\dfrac{1}{2^2} = \dfrac{1}{4}$ 倍。（答）

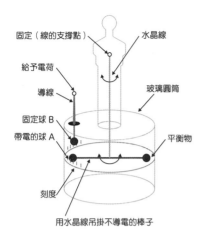

第3章　理解「電」就能理解近代科技的基礎

27

庫侖定律

§28

歐姆定律
—— 電路設計的基礎定律

電的威力最能體現在電器電路和電子迴路中。藉由這些電路,電可以變成光、變成聲音,甚至人工智慧。而電路設計的基礎,就是「歐姆定律」。本節就一起來看看這項定律吧。

什麼是歐姆定律

歐姆定律是1827年,由德國科學家歐姆(1789～1854)發現的定律。用現代話來說,就是下面的意思。

> 導體中的電流量,與導體兩端的電壓成正比,與導體的電阻成反比。

導體就是可以通電的物質,其中以金屬為代表。這項定律寫成公式後,或許會勾起很多人的記憶。假設導體的電流為 I,導體兩端的電壓為 V,導體本身的電阻為 R,則三者滿足以下關係。

$$V = RI$$

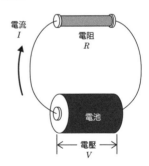

歐姆定律
通過導體的電流 I,與該導體兩端的電壓 V,及該導體的電阻 R,具有以下關係
$$V = RI$$

歐姆定律有個由歐姆本人發表的知名記憶法，也就是在下圖所示的圓中，分別在3個區塊內填入V、R、I。

歐姆定律的記憶法、用法
如圖所示，分別將V、R、I填入後，用手指遮住V就是$V = RI$，遮住R時就是$R = \dfrac{V}{I}$，遮住I時就是$I = \dfrac{V}{R}$。

　　相信大部分人都曾學過的，電路中的電阻通常用鋸齒狀的線段代表，而電池則是用2條橫槓代表。譬如下圖所示。

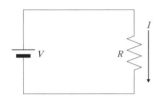

電路符號
左邊的電路也依循$V = RI$。另外，現在電阻建議不要用 ⎓\/\/\/⎓，改用 ⎓▭⎓ 比較好。

用水流模型理解歐姆定律

　　歐姆定律也可以用水流來理解。例如上圖的電路，畫成像下圖的水流就比較好理解。

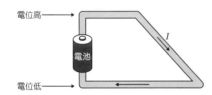

電位高 →
電位低 →

水流模型
把電池看成幫浦，電流就是水流。而水位就等於電位。

　　這張圖中，電位的意義非常容易理解。水會從「水位」高的地方往低處流。而電位就跟水位一樣。在有電阻的電路中，電流也會從電位高的地方流向電位低的地方。而這個電位的差，就是電壓。

　　「水位差」愈大，水就流動得愈快。像是水位差大的瀑布，流速遠比小瀑布快得多。同樣地，電位差愈大，就代表電壓愈大，電流更強。實際上，如下頁的圖所示，若將上圖的電壓提升至2倍，電流也會跟著變成2

倍。下圖就是用歐姆定律的「水流模型」來解釋。

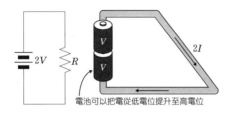

電壓
一如水位差會產生水壓，電位差也會產生電壓。電位差愈大，則電壓愈大，流量也愈大。

電池可以把電從低電位提升至高電位

　　要留意的是，在電池裡面，電流是由低電位流向高電位的。因此，電池具有將電送往高位的力量，也就是所謂的**電動勢**。這跟水流的道理相同。要讓水持續流動，就必須有幫浦持續把水從低處送往高處。而電池在電路中的角色就跟幫浦一樣。

電阻的成因

　　歐姆定律大約是距今200年前發現的。在現代，我們已經可以從微觀的世界理解歐姆定律的成因。

　　首先，我們要理解用來製作導體的金屬構造。金屬以銅、鐵一類的物質為代表。烤土司機的鎳鉻合金線也是金屬的一種。這些金屬大多是由金屬原子組成的。金屬原子可以想像成一種會放出電子，本身帶正電，漂浮在自己放出的電子之海的特定位置上的原子。

　　這些帶正電的金屬原子最重要的性質，就是在得到周圍的熱能後，會不規則地搖動。

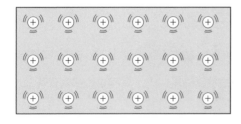

構成導體的金屬原子，平常就像漂浮在電子之海中。這些原子在吸收四周的熱能後會振動。

假如我們把電池接上金屬導體，電池產生的電動勢會賦予導體中的電子力量，使其加速。然而，這些不規則搖動的金屬原子會阻礙電子的移動，使其沒辦法加速。結果，電子只能在導體內緩慢流動。這就是電阻的成因。

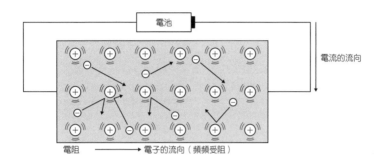

　　這個情況，可以想像成某個人在車水馬龍的商店街內朝單一方向前進。即使這個人想直接跑過商店街，也會因為不斷撞上路人而沒法前進，只好慢慢地跟著人流走。實際上，在導線內流動的電子，平均速度還不到秒速1cm。

挑戰題

〔問題〕在電池接上鎳鉻合金線R的時候，假設電流為I。請問2條導線R連成一線（**串聯**）的時候，跟並排（**並聯**）的時候，同一顆電池的電流量會有何差異？

［解］　2條鎳鉻合金線R串聯的時候，電流的抗阻（也就是電阻）也變成2倍，所以根據歐姆定律，電流會減為一半（＝$I/2$）。而並聯的時候，從下圖的水流模型可知，流過的電流會變成2倍（＝$2I$）。（答）

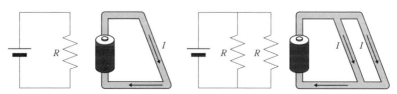

§29

定域性原理

—— 描述力量如何傳遞的基本設想

電和磁是如何傳遞力量的呢？這個問題有2種可能的答案。一是電磁可直接相互施加作用力，另一種則是電和磁是以空間為媒介來傳遞力量。前者稱為**超距作用論**，後者則稱為**定域論**。科學家曾圍繞著這兩派想法進行過激烈的激辯。牛頓是前者，而法拉第則是後者的代表。在現代脫穎而出的則是定域論。

直接施加作用力 — 電荷1 ↔ 電荷2 — 超距作用

間接施加作用力 — 電荷1 → 電場 → 電荷2 — 定域論

電力線和磁力線

有個便利的表現方式可以將定域理論視覺化，那就是**電力線**和**磁力線**。最早提出定域論的人是法拉第（§33）。而電力線和磁力線的概念也是法拉第的想法。法拉第認為，電和磁會朝四周的空間伸出肉眼看不見的曲線，藉由這種扭曲來傳遞作用力。而這種類似橡皮繩的假想線，就是電力線和磁力線。

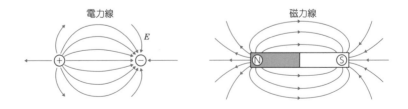

電力線　　　　　　　　　磁力線

前頁的圖中所畫的，分別是正負電荷產生的電力線，以及N極和S極的磁荷產生的磁力線。

電力線和磁力線有以下的特徵。

---

① 從正電荷和N極湧出，被負電荷和S極吸入。

② 湧出和被吸引的力線數量，與電荷量和磁荷量成正比。

③ 每條電力或磁力線都具有張力（每條線都會盡可能縮短自身）。

④ 電力和磁力線之間會互相排斥（電力線、磁力線會盡量遠離彼此）。

（注）S極、N極無法單獨存在，必定成雙成對。

電和磁的交互作用，只要運用這幾項特徵，就能非常清楚地解釋。讓我們以電力線為例，看看下面的圖吧。正負電荷互相吸引是因為③，而正電荷與正電荷互斥則可用④輕易說明。

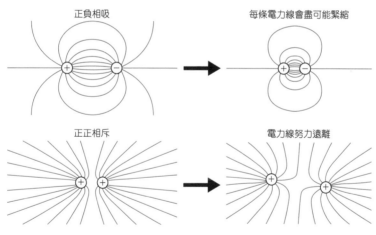

不同電荷相吸是出於性質③，而同電荷相斥則可用性質④解釋。

電力線和磁力線的畫法

那麼電力線和磁力線又要怎麼畫呢？下面讓我們再用電力線來看看吧（磁力線的畫法也一樣）。

首先，準備一個小到不會對周圍產生影響的正電荷，放到可以感覺到

電力的空間。然後，將電荷一點一點地沿著電荷感覺到的力的方向移動。這麼一來就能畫出1條電力線。此外，只要配合感覺到的力的強度增加電力線的數量，就能畫出完整的電力線了。

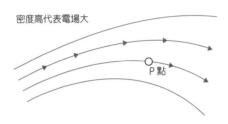

密度高代表電場大

P點

電力線的畫法
只要沿著作用力的方向就能畫出電力線。線的密度與下述的電場大小成正比。

電場與磁場

電力線和磁力線概念的基本假設，是空間並非真的「空無一物」，而是具有傳遞力的性質的「某種東西」。這個「某種東西」就稱為場（field）。電的場就叫電場，磁的場就是磁場。

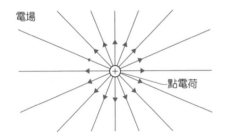

電場

點電荷

點電荷產生的電場示意
電場和磁場的概念跟電力線與磁力線的概念是一樣的。

電力線和磁力線，用現代的說法來解釋，就是電場和磁場的視覺化。所以，為了使這個解釋方法更具體易懂，科學家加上了下述的規定。

電力線（磁力線）的數量密度，代表電場（磁場）的大小。

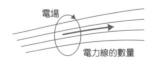

電場

電力線的數量

電力線（磁力線）的密度與電場（磁場）大小相應。

〔問題〕請根據前面介紹的①～④原則，畫出正電荷與另一個只有一半
強度的負電荷的電力線。

［解］ 如右圖。（答）

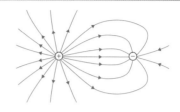

附註

電場與磁場的實體

電力線和磁力線概念的基本假設，是空間並
非真的「空無一物」，而是具有傳遞力的性質的
「某種東西」。這個東西就稱為「場」，現代物
理學仍不斷在研究場究竟是什麼。而基本粒子物
理學認為，在空間中傳遞電與磁的這個「東西」
是光子。光子就是光的粒子，假想中的光子會在
2個電荷或磁荷間傳遞作用力。

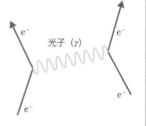

例如右上圖是某2個電荷交互作用的情況。科學家認為帶電粒子（右上圖
為電子）會放出光子，然後被另一個帶電粒子吸收，藉此互相作用。這類形象
化的示意圖叫做費曼圖。

§30

場的疊加原理

── 兩力可獨立傳遞的宇宙基本定律

　　如同前一節介紹過的，電力線和磁力線的前提為屏除空間是「空無」的觀念，把空間當成一種可以傳導力的「某種東西」。而這個「某種東西」則稱為場。電的場就叫電場，磁的場就叫磁場。那麼本節就接續前一節的內容，稍微再深入討論一下場的概念吧。

電場的概念

　　設想把1個微小的電荷丟入存在電場的空間，此時這個電荷會感受到力的作用。這個小電荷在空間各點感受到的力，可以用不同大小和方向的箭號表示（也就是數學中的向量）。這個向量可以用小電荷在特定點受到的作用力除以帶電量算出（換言之就是每單位電荷作用力的向量），而這就是電場的定義。通常電場用 E 表示。根據這個定義，若在該點放入某電荷 q，則該電荷 q 感受到的作用力 F 如下。

$F=qE$ ，換言之　電荷所受的力＝電荷量×電場

P 點所在的電場

電荷 q 在 P 點所受的力

某P點的電場 E 及
電荷所受的力 F

電場 E
將微小的正電荷 q 放入空間中的P點，測量 q 受到的作用力 F，然後用 F 除以 q 所得的向量，就是電場 E。所以，E 的定義即是電場在該點對單位電荷施加的作用力。

　　這個電場的概念非常適合用來表現定域論的力傳導方式。2個電荷互相作用時，其中一方的電荷會先使周圍的空間變質，而這種變質就是電場的概念。然後，電荷才透過電場去影響另一個電荷。

點電荷產生的電場

　　首先來看看正點電荷產生的電場。依照庫侖定律（§27）畫出如下圖左的電力線。然後，在圖中的P點放入正電荷q，q所受的力F就是下圖中央的箭頭。用該箭頭代表的向量除以q後得到的向量，即是電場E（下圖右）。

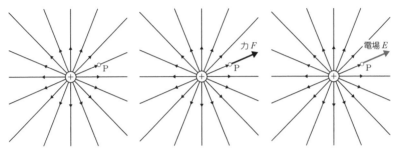

正點電荷產生的電場E
根據庫侖定律，微小正電荷q在任意的P點所受的力F會向外輻射。因此電場E也會像上圖一樣向外輻射。

　　而負點電荷產生的電場也可用同樣的方式求出。

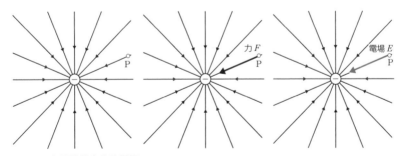

負點電荷產生的電場E
根據庫侖定律，微小負電荷q在任意的P點所受的力F會向中心聚集。因此電場E也會像上圖一樣往中心聚集。

2個點電荷產生的電場

接著來看看2個點電荷產生的電場。依照實驗，我們可以發現以下定律。這個定律稱為電場的疊加原理。

> 2個電荷產生的電場，等於兩電荷各自的電場向量的和。

根據此原理，我們可以用以下的向量來表示電場。

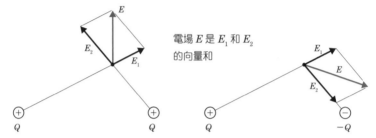

電場 E 是 E_1 和 E_2 的向量和

2個電荷產生的電場疊加

2個電場的總和可以用向量計算出來。2個電場的量可以套用數學向量的計算規則並非不證自明的，而將這個規則定律化的就是「疊加原理」。上圖描繪的是2個等量的正電荷，以及等量的一正一負的電荷產生的電場情形。

電場的疊加原理，乃是源於電荷作用力的獨立性，並非不證自明的。這是宇宙的基本定律之一。

此外，這個定律也適用於3個以上的電荷產生的電場。換言之，只要知道某時間點的電荷分布情況，就能依照庫侖定律和向量和的計算規則求出任意點的電場。

電場和電力線

接著來看看電場和電力線的關係。從電力線的畫法（§29）可知，電場方向即是電力線的切線方向。然後如同該節說過的，電力線的密度與電場的大小一致。。

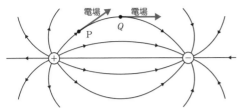

電力線與電場
電場方向即電力線的切線方向。此外，根據定義，某點的電力線密度與該點的電場大小一致。

磁場的疊加與磁場

　　磁場的向量跟電場完全一樣。不過，磁場的磁極是無法單獨存在的，NS兩極總是成對出現，這點跟電場不同。電場通常寫做 E，而磁場向量則用 H 表示。在實際應用上，則經常使用 H 的常數倍，俗稱**磁通密度**的 B。

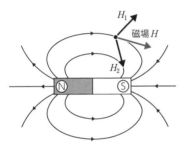

磁力線與磁場
磁場也跟電場一樣，磁場向量 H 與磁力線的切線方向相同。然後跟電力線一樣，某點磁力線的密度與該點磁場大小一致。

挑戰題

〔問題〕請畫出帶有等量電荷的2個負電荷產生的電場。

[解]　電場也就是「作用於單位正電荷的力」。依照題意，如右圖所見，P點的單位電荷會受到2個引力作用，而這2條向量的和就是P點的電場 E。
（答）

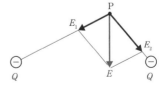

高斯定律

―― 用定域論詮釋庫侖定律的定律

庫侖定律原本是用超距作用的形式描述。而改用定域論詮釋庫侖定律，也就是用場論重新解釋庫侖定律後的結果，就是「**高斯定律**」。

點電荷製造的電場大小

假設一正點電荷 Q 固定不動。在該點電荷產生的電場中放入一電荷 q。根據庫侖定律，作用於該電荷的力 F 可表示如下（§27）。

$$F = k\frac{qQ}{r^2}\text{（}k\text{為比例常數）} \quad \rightarrow \quad \text{變形之後即是}\ \frac{F}{q} = k\frac{Q}{r^2}$$

以點電荷 Q 產生的電場為 E，則作用於點電荷 q 的力可表示如下。

$$F = qE \quad \rightarrow \quad \text{變形之後即是}\ E = \frac{F}{q}$$

因此，點電荷 Q 產生的電場 E 的大小可用下面方式求得。

$$E = k\frac{Q}{r^2} \cdots (1) \quad \leftarrow \quad \text{因為}，E = \frac{F}{q} = k\frac{Q}{r^2}$$

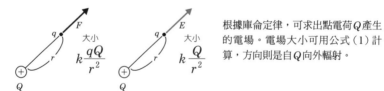

根據庫侖定律，可求出點電荷 Q 產生的電場。電場大小可用公式（1）計算，方向則是自 Q 向外輻射。

然後，**電力線的密度與電場大小一致**（§29、§30），所以公式（1）也可以用來求電力線的密度。

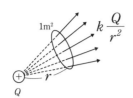

電力線密度與電場大小一致。因此，與點電荷 Q 距離 r 的電力線密度可用（1）求出。

用球包住點電荷時

用半徑 r 的球包住正點電荷 Q，計算此球的表面一共會伸出幾條電力線。球表面上的電力線密度可用（1）求出，故

半徑 r 的球內伸出的點電荷 Q 的電力線總數

$$= 4\pi r^2 \times k\frac{Q}{r^2} = 4\pi kQ \quad \cdots (2)$$

簡單來說，此式可表現成以下定理。

自點電荷 Q 產生的電力線總數為 $4\pi kQ$ 條。 $\cdots$ （3）

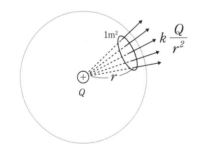

用一個半徑 r 的球包住正點電荷 Q。此時，從點電荷 Q 伸出的電力線總數為 $4\pi kQ$ 條（ k 是公式（1）中的常數）。

用流線解釋電力線

看到右圖的電力線圖，相信很多讀者會聯想到「泉湧而出的水」。所以，我們就直接用水來理解定理（3）吧。想像點電荷 Q 的所在位置是水源，源源不絕地湧出泉水。而水量根據定理（3）假定為每秒 $4\pi kQ$。如果以水源為中心，

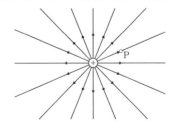

用一顆半徑 r 的球包住它，並將球面每單位面積滲出的水量定義為每秒 E。

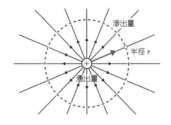

滲出量

半徑 r

湧出量

將每秒有 $4\pi kQ$ 的水湧出的泉水，用半徑 r 的球包住。然後，假設此球每單位面積滲出的水量為每秒 E。

　　此時，由於該球面每單位時間「滲出的總水量」會與「水源湧出的水量」相等，故可得出以下關係。

　　球面滲出的總水量 $=4\pi r^2\times E=4\pi kQ$（＝湧出水量）

　　然後就能得出下列公式。

　　球面每單位面積滲出的水量　$E=k\dfrac{Q}{r^2}$

　　這就跟公式（1）一樣。所以湧泉模型跟庫侖定律在數學上是等價的。

　　目前為止我們都是討論的都是正電荷。而負電荷的情況，則可以用會吸水的孔洞去想（右圖）。只要把「由內向外輻射的電力線」改成「由外向內聚集的電力線」，就能直接套用上面說的水流模型了。

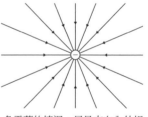

負電荷的情況，只是方向內外相反而已。

高斯定律

　　定理（3）是以球面思考所得到的性質。然而，從水流模型可知，不論哪種封閉曲面都遵循定理（3）的性質。因為無論哪種封閉曲面，每單位時間內湧出的水量都一定等於滲出的水量。同時，根據電場的疊加原理

電場 E

Q

封閉曲面 S

（§30），這點並不限於點電荷。因此，定理（3）可普遍化成如下敘述。這就是高斯定律。

> 封閉曲面S內部伸出的電力線總數，與封閉曲面S內部的總電荷量呈正比。

來應用看看

（例題）請檢查電荷密度σ的帶電電容器的電場大小E，是否與σ成正比。

[解] 電容器是一種由2片金屬板對置組成的電子元件（下圖）。由圖可知，電容器具有可儲存電力的特性。因為電的對稱性，電力線會如圖所示整齊排列。假設電容器的面積為S_0，並如圖用一封閉曲面包覆，依據高斯定律，假設k為常數，則

$S_0 \times E = kS_0\sigma$ （$S_0 \times E$為電力線總數，$S_0\sigma$為總電荷量）

故，$E = k\sigma$

電場大小與儲存的電量密度σ成正比。（答）

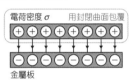

電荷密度σ　用封閉曲面包覆

金屬板

挑戰題

〔問題〕一條帶有相同電荷（電荷密度為ρ）的長導線做出的電場大小為E，請檢查E是否與距離r成反比。

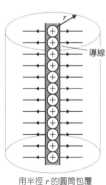

導線

用半徑r的圓筒包覆

[解] 電場如右圖所示。以導線為中心，用一個半徑r的圓筒包覆。對單位長度套用高斯定律，

$2\pi r \times E = k\rho$ （k為比例常數）

可算出$E \propto \dfrac{1}{r}$，與r成反比。（答）

§32

安培定律
—— 將電流會產生磁場這個大發現化為公式

1800年，一個劃時代的發明誕生了。那就是**伏打電池**（§52）。因為這項發明，人類終於能生產穩定的電流。此後，電學和磁學的研究有了飛躍性的進展。

厄斯特的發現

丹麥科學家厄斯特（1777～1851）在用伏打電池進行對鉑線通電的實驗時，意外發現放在附近的磁針居然在微微晃動（1820年）。這項「電流會產生磁場」的大發現，便是統一電力和磁力的理論，**電磁學**的起點。

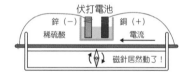

厄斯特的實驗
厄斯特用伏打電池對導線通電時，意外發現磁針會動。這個大發現就是電磁統一理論的起點。

安培定律

受到厄斯特的實驗啟發，法國科學家安培（1775～1836）進行了各種關於電流的磁性作用的實驗，最終發現了**安培定律**。安培定律用現代物理學的說法表現如下。

> 電流會在四周產生右旋方向的磁場。沿著封閉迴路將此磁場加總，會與迴路中通過的電流大小成正比。

因為聽起來有點難懂，所以下面就讓我們用圖例來看看。

安培右旋定律與右手定則

　　前半句的「電流會在四周產生右旋方向的磁場」，又稱為安培**右旋定律**。下圖解釋了這句話的意思。

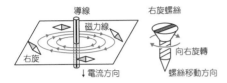

右旋定律
當電流方向往下時，電流產生的磁力線向右旋。就跟鎖右旋螺絲時，螺絲起子的旋轉方向一樣。

　　沒有用過螺絲起子的人，可以改用下圖的**右手定則**來理解。

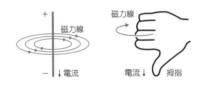

右手定則
拇指朝電流方向，用右手握住導線時，四指的方向即是磁力線的方向。

線圈中的磁場

　　利用安培右旋定律，就能知道環形電流產生的磁場，以及更實用重要的線圈產生的磁場方向。

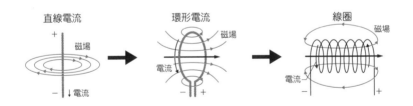

　　注意環形導線和線圈產生的磁場方向，同樣適用右旋定律或右手定則。

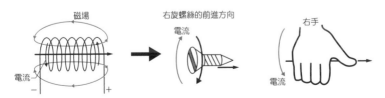

　　而安培定律後半句話的意思，則可以直線電流為例來理解。直線電流因其對稱性，可產生如下圖般的圓形磁場。

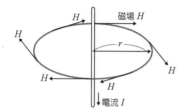

直線電流產生的磁場
圓周上的磁場大小H為定值，磁場方向為切線方向。

　　以上圖這個半徑r的圓為安培定律中的「迴圈」，再用安培定律計算此圓上產生的磁場H。定律後半段的

　　「沿封閉迴路將此磁場加總」⋯（1）

這句話，就是說把這個圓上所有切線方向的磁場強度跟圓的線素長相乘後，全部加起來的意思。

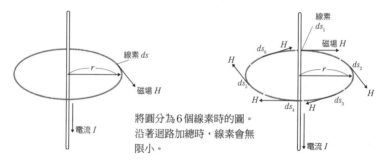

將圓分為6個線素時的圖。
沿著迴路加總時，線素會無
限小。

　　相加後，（1）的「加總」寫成數學式就像下面這樣。

$$Hds_1 + Hds_2 + Hds_3 + \cdots = H(ds_1 + ds_2 + ds_3 + \cdots)$$

括弧裡面就是整個圓的線素和，而半徑r的圓周是$2\pi r$。故，

　　表述（1）的「加總」$= H \times 2\pi r$

　　安培定律的後半部，即是在主張這個值與「電流大小成正比」。因此，當電流大小為1時，此定律可表示如下。

$$H \times 2\pi r = kI \quad （k為比例常數）$$

如此一來，就能算出與直線電流距離 r 的點上的磁力線強度 H。因為這是個非常有名的公式，故在此將結果整理如下。

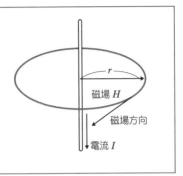

直線電流 I 產生的磁場，與以該直線為中心的圓的切線方向相同；若圓的半徑為 r，則該磁場的大小 H 可用下式表示。

$$H = k\frac{I}{2\pi r} \quad (\text{k 為常數})$$

以上，就是安培定律的意義，以及如何用安培定律計算直線電流產生的磁場大小的公式。

🖑 挑戰題

〔問題〕如下圖左在一條直線電路通電時，請問該電流產生的磁力線應該是右邊的圖A還是圖B？

A	B

電流　導線　　磁力線

〔解〕 圖B（根據右旋定律或右手定則）。（答）

§33

法拉第電磁感應定律

—— 發電機發電的原理

　　現代文明的便利生活大多是靠電力在支撐，而電力的來源是發電機。發電機背後的機制則是**電磁感應定律**。因為這個定律是法拉第（1791～1867）在1831年發現的，所以又叫法拉第電磁感應定律。

什麼是電磁感應定律

　　「電磁感應定律」這幾個字聽起來好像很複雜，但其實用個簡單的實驗就能驗證。將使用電池運轉的玩具馬達接上萬用電表，再用手指轉動馬達。這時你會看到電表的指針有所改變，代表有電流通過（萬用電表在一般的五金行就能買到，大約幾百塊就可以買到）。這個發電的原理就是「電磁感應定律」。火力、水力、和核能發電廠的發電也是靠這原理。

　　右圖就是上述馬達的基本結構。在N極和S極間配置銅線繞成的線圈，然後旋轉線圈（這裡畫的是只有繞一圈的線圈）。

　　接著來看看這麼簡單的結構是如何發電的吧。

　　磁力線從N極指向S極，並穿過線圈迴路。而穿過迴路的磁力線總量稱為**磁通量**（也就是磁力線的集束）。電磁感應定律，用「磁通量」來描述即是以下原理。

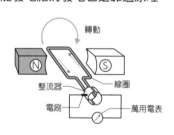

轉動
N　　S
整流器　　線圈
電刷　　萬用電表

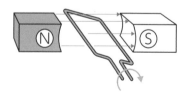

磁力線的集束＝磁通量

N　　S

> 磁通量的變化會產生電動勢。而電動勢的大小與磁通量的時間變化成正比。

電動勢也就是推動電流的力量，由電磁感應產生的電動勢則稱**感應電動勢**。此外，因感應電動勢而產生的電流則叫**感應電流**。下面就來看看實際的應用例吧。

變壓器的原理

電線桿上都裝有**變壓器**（trance）。變壓器是將來自發電廠的高壓電流轉換成家庭用的小電壓的裝置。而變壓器背後的運作原理，就是「電磁感應定律」。

變壓器的基本結構非常簡單，就只是在一個鐵芯上纏上2種線圈而已。

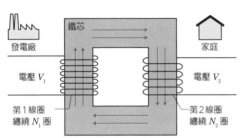

第1線圈跟第2線圈的磁通量比，即等於線圈纏繞次數的比N_1：N_2。所以，依據電磁感應定律，在家庭側的電動勢就等於發電廠的電壓V_1的N_2/N_1倍。之所以使用交流電，就是因為可以輕鬆地變壓。

從發電廠送出的交流電通過第1線圈時，會在鐵芯周圍產生磁力線。這些磁力線會繞著鐵芯，貫穿連接著居家側的第2線圈。因為電廠送出的是交流電，所以磁力線會隨著時間不停變化。如此一來，第2線圈就會發生電磁感應。因為第2線圈比第1線圈的圈數少，所以貫穿線圈的磁力線總量（即磁通量）會比第1線圈少，感應電動勢也會變小。於是，高壓電就這樣變成低壓電了。

電磁感應與感應式IC卡

電磁感應定律活躍在現代資訊化社會的各個角落，例子可說不勝枚

舉，這裡就以搭公車和捷運時常用的IC卡（悠遊卡、一卡通等等）為例吧。

IC卡是靠電磁感應的原理跟讀卡機內的讀取裝置交換資訊的，但神奇的是IC卡裡並沒有電池。而代替電池的就是電磁感應定律。

IC卡中藏有線圈狀的天線。讀卡機會放出磁場，用IC卡劃過讀卡機的時候，線圈中的磁通量就會發生變化，依電磁感應定律產生電流。IC卡就是利用這個電流啟動IC晶片，進行識別和資料傳輸的。

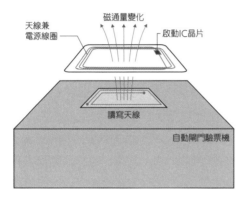

IC車票的原理
卡片中的線圈在磁場（磁通量）變化時，就會產生電流。卡片可利用這電流啟動IC晶片，並將線圈當成天線來傳遞資料。

像悠遊卡這種具有發電功能的IC卡近年需求急速上升。像最近流行的物聯網（Internet of Things，**IoT**）就是將IC晶片運用到物流管理的概念。

電和磁密不可分

安培定律（§32）揭示了「有電流就會有磁場」的關係。而電磁感應定律則揭示了「磁場變化會產生電流」。電與磁就像這樣，是表裡一體、陰陽不可分的關係。所以，電與磁通常合稱**電磁**。

電磁感應定律的發現非常難得！

法拉第發現電磁感應現象是在1831年，也是在電流的磁場作用被發現的約10年後。現在許多的教科書上，都會用右頁圖的磁鐵和圓筒形線圈來示範，說科學家就是用磁鐵靠近和遠離線圈時，觀察到電磁感應現象

的。但如果這麼簡單的實驗就能發現電磁感應現象的話，就不會有這10年的間隔了。

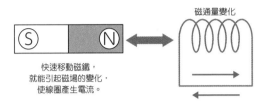

磁通量變化

快速移動磁鐵，
就能引起磁場的變化，
使線圈產生電流。

其實，在法拉第生活的時代，磁鐵的磁力很弱，電表的敏感度也很低。而且，電池的電流也不像現代這麼穩定。根據法拉第的日記記錄，他在發現電磁感應現象之前，做了非常多辛苦的實驗。

挑戰題

〔問題〕下面（1）～（3）中，有種家電製品沒有用到電磁感應。請問是何者？

（1）智慧手機　　（2）麥克風　　（3）運用鎳鉻合金線的電熱器

〔解〕　會發出電波和聲音的電器幾乎都會用到電磁感應定律。而鎳鉻合金的電熱器通常不會用到與電磁感應有關的零件。（3）（答）

§34

冷次定律

—— 日本中央新幹線磁浮列車也用到的定律

　　一個穩定的系統中，若是所有微小的變化，都會像蝴蝶效應那樣引發極大的漣漪，將是一件非常麻煩的事情。譬如公司內要是每個員工犯的小失誤，都會演變成極大的事件，那麼這間公司恐怕很快就會倒閉。這個道理也同樣適用於自然界和宇宙。所以當出現某個變化時，一定要有另一個抵消該變化的現象去平衡。而這個均衡在電磁的世界就是冷次定律。

冷次定律

　　冷次定律可以表述如下，它所描述的是電磁感應定律中產生的感應電動勢的發生方向。

> **感應電動勢的方向為抗拒磁通量改變的方向。**

　　如同前述，當系統內發生某種變化時，一定會產生另一個與之抗衡的變化，這就是冷次定律的內涵。萬一每個磁場的變化都會誘發新的磁場變化，自然界將失去秩序。

磁場變化　　感應電動勢

冷次定律
感應電動勢產生的電流，流動方向會跟磁場的變化相反，這就是冷次定律。如果沒有這樣相對的作用力，自然界將不可能保持穩定。

　　我們可以用下面的例子來看看這個定律的意義。
（例1）設想一個連接著線圈和電表的迴路。磁鐵的N極靠近線圈時，由於通過線圈的磁力線增加，因此感應電流的方向會是使磁力線減少的方向

（左圖）。N極遠離線圈時，通過線圈的磁力線減少，故感應電流的方向
會是使磁力線增加的方向（右圖）。

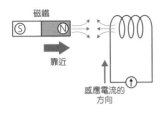
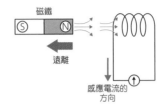

（例2）設想一個結構如下圖的迴路。左圖為電路開關打開瞬間的狀態。
此時，根據冷次定律，迴路會產生阻止電流流入的電動勢。而右圖表示的
則是電路開關關閉的瞬間。此時，依據冷次定律，會出現使電流繼續流動
的電動勢。

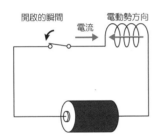
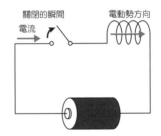

電度表的原理

　　家家戶戶都會裝的電度表（電表）中，那個
會咕嚕咕嚕旋轉的圓盤究竟是什麼呢？

　　在揭開答案前，首先要介紹一下阿拉哥圓
盤。這是用繩子懸吊起普通的鋁盤後，在下方放
一個旋轉中的磁鐵的話，該圓盤也會跟著旋轉的
現象。如果是鐵盤的話這當然沒什麼，但理應不
會被磁鐵吸引的鋁板為什麼會受磁鐵影響呢？這
個現象可以用冷次定律解釋。

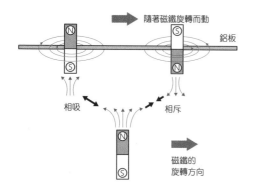

隨著磁鐵旋轉而動

鋁板

N
S

S
N

相吸

相斥

N
S

磁鐵的
旋轉方向

阿拉哥圓盤的原理
依據冷次定律，圓盤會變成一個電磁鐵，在磁鐵的前方產生斥力，後方產生吸力。就是這兩股力讓圓盤轉動的。順帶一提，阿拉哥是法國的科學家，而這個現象是在1824年發現的。

　　阿拉哥圓盤的實驗中，當磁鐵的N極靠近時，圓盤上的磁力線會增加，依照冷次定律，鋁盤上會產生抵消磁場變化的電流，使靠近磁鐵的一側變成N極的電磁鐵。而根據相同的原理，另一側則會產生相反磁性的S極。如此，鋁盤才會出現像是被磁鐵的N極牽著走的作用力（換成S極也一樣）。

　　而一般家中的電表也運用了同樣的原理。電表裡面那個不停轉動的金屬板，其實就是鋁製的。不過，電表裡不是用磁鐵，而是在鋁盤上下方各安裝一個線圈。這2個線圈會交錯地流過與使用電力等比例的電流，變成像旋轉磁鐵一樣的電磁鐵。

中央新幹線的磁浮原理

　　另一個用到冷次定律的知名例子，就是日本正在建設中的中央新幹線磁浮列車。這條新幹線的軌道側壁上裝有2種線圈，一個是推進用，另一個是升浮、導向用的。這2種線圈依照各自的功能，分別稱為**推進線圈**和**升浮導引線圈**。本節我們要聚焦於後者的升浮導引線圈。

　　升浮導引線圈是一對纏繞方向相反的8字形線圈。當列車高速通過時，安裝在車輛上的強力磁鐵產生的磁場會產生電磁感應效應，使電流流過線圈。因為上線圈和下線圈的纏繞方向相反，根據冷次定律，會形成2個磁性相反的電磁鐵。所以，只要讓上面的線圈與列車磁鐵相吸，下面的線圈相斥，就能產生向上的分力把車廂舉起來。這就是磁浮列車的原理。

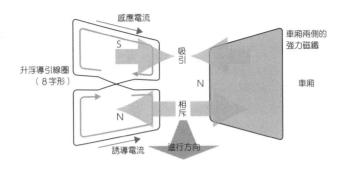

感應電流

S

升浮導引線圈
（8字形）

吸引

N

N

相斥

車廂兩側的
強力磁鐵

車廂

誘導電流

進行方向

升浮導引線圈是由一對纏繞方向相反的線圈以8字形組成的。根據冷次定律，當安裝在車廂的磁鐵靠近時，線圈會產生將車廂舉起的分力。此外，在車廂貼近軌道壁時也會將車廂推回去，所以也具有導引的功能。是非常傑出的發明。

挑戰題

〔問題〕如右圖用一個棒狀磁鐵靠近金屬環時，感應電流的方向為何？

S N

〔解〕 由於通過環內側的磁力線增加，所以會產生抵抗磁場變化的電流。因此，根據「安培右手定則」（§32），金屬環會產生像右圖一樣的感應電流。（答）

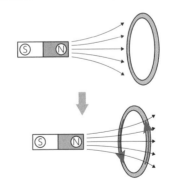

S N

S N

§35

馬克士威方程組

—— 集大成並使當代電磁學知識更進一步的方程式

　　1800年初，多虧電池的實用化，電磁學理論有了飛躍性的發展。但也造成各種理論定律百家群立的現象。而這時跳出來整理並統合這個混亂情況的，就是英國的物理學家馬克士威（1831~1879）。他將過去累積的所有電磁學知識整理成了以下的**馬克士威方程組**，為當代電磁學做了一個總結。

(i)　$\mathrm{rot}E = -\dfrac{\partial B}{\partial t}$　（法拉第定律）

(ii)　$\mathrm{rot}H = J + \dfrac{\partial D}{\partial t}$　（安培定律和位移電流）

(iii)　$\mathrm{div}B = 0$　（高斯磁定律）

(iv)　$\mathrm{div}D = \rho$　（庫侖定律）

　　E為電場，H為磁場，J代表電流。而D則是「電位移（電通密度）」，B是「磁通量」，通常上述名詞具有以下關係。

　　$D=\varepsilon E$，$B=\mu H$　（ε、μ為常數）

　　方程式裡的rot、div是數學微積分的計算符號。

　　關於馬克士威的故事，我們就留給其他科普書解說，這裡只介紹馬克士威方程組中各個方程式的意義。一如每個方程式後面的註記，方程式(i)是磁場變化會產生電流的「法拉第電磁感應定律」（§33），方程式(ii)是電流會產生磁場的「安培定律」（§32），方程式(iv)則是電荷產生電場的「庫侖定律」（§27）用數學微分法呈現的形式。

　　接著來看看剩下的方程式(iii)的意義吧。

馬克士威方程組（ⅲ）的意義

下面的圖是前幾節已經介紹過，將電場和電流產生的磁場用電力線和磁力線表示的情況。

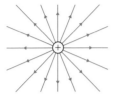

正點電荷產生的磁場

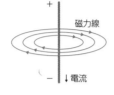

磁力線

↓電流

直線電流產生的磁場

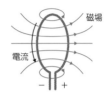

磁場

電流

環形電流產生的磁場

電場可以看成電力線的「湧泉」；而磁場則沒有這種「湧泉」現象。電場會有湧泉現象，是因為正電荷和負電荷都是獨立存在的。然而，磁力線卻沒有這種現象，這代表世上並不存在類似電荷的「磁荷」。這就是方程式（ⅲ）的意義。

磁單極子不存在

讓我們來看看磁鐵的磁力線。在下面左方的圖中，如同電有正電荷和負電荷，磁的Ｎ極和Ｓ極乍看之下也是獨立存在的。

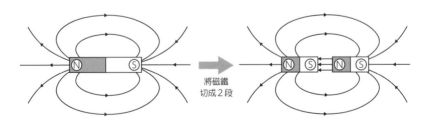

將磁鐵切成2段

然而，把左圖的磁鐵切成2段後，卻會出現新的Ｎ極和Ｓ極（右圖）。同樣的步驟無論重複幾次都會得到相同的結果，永遠無法切出單獨的Ｎ極和Ｓ極（也就是**磁單極子**）。磁力線不會有湧出和吸入的現象。也是因為這樣，方程式（ⅲ）又被稱為「**磁單極子否定定律**」。

（注）以現代物理學的角度，仍未完全否定磁單極子的存在。

馬克士威發現的「位移電流」

一開始我們雖然說馬克士威是整理了當代電磁學的功臣,但他本人其實也有重要的發現。那就是馬克士威方程組(ii)。

$$\text{(ii)} \quad \text{rot}H = J + \frac{\partial D}{\partial t}$$

這個方程式源自「電流J會產生磁場H」的安培定律,但在方程式右邊的電流J旁多加上了D(與電場E成正比的量)的時間變量$\frac{\partial D}{\partial t}$。這就是位移電流。這個變動項便是馬克士威本人的偉大發現。代表「電場的時間變化會產生磁場」。

那他是怎麼發現這個看起來很難懂的變量呢?答案是從馬克士威方程組(i)類推出來的。

$$\text{(i)} \quad \text{rot}E = -\frac{\partial B}{\partial t}$$

從法拉第電磁感應定律和安培定律可以推出,電與磁是密不可分的存在,傾向成雙成對地出現。因此,馬克士威模仿方程式(i)的右邊,在方程式(ii)的右邊加上了位移電流$\frac{\partial D}{\partial t}$。這個發現之所以偉大,是因為它預言了電磁波的存在。

馬克士威的「電磁波」預言

讓我們重新審視馬克士威的方程式。E是電場、H是磁場、J代表電流。D和B則是與E、H成正比的量。現在,想像有個真空的環境。此時空間中不存在電流,但馬克士威方程式顯示了只要有時間變化,就會產生電場E和磁場H。即使在沒有電流的空間中,電場E和磁場H也能傳遞。因此,馬克士威才在1864年預言了電磁波的存在。

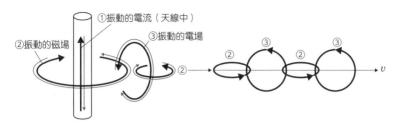

①振動的電流（天線中）
③振動的電場
②振動的磁場
②
③
②
③
②
v

如果馬克士威方程式在真空也依然有效，代表電場的變化會產生磁場（上圖②），而磁場的變化也會產生電場（上圖③），馬克士威因此預言了電磁波的存在。最初的磁場變化是由天線的振動電流（上圖①）產生的。

　　這個預言後來在1888年，由德國的科學家赫茲（1857～1894）進行實驗證實了。

挑戰題

〔問題〕交流電可以通過電容器。請試著用馬克士威「電場的時間變化會產生磁場」的概念來解釋這個事實。

［解］　可用下圖解釋。

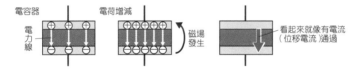

電容器
電荷增減
看起來就像有電流（位移電流）通過
電力線
磁場發生

電容器在充電時，依電荷的增減，電場 E 會隨時間變化。因為從迴路的外面來看就像有電流通過（這就是位移電流），所以電容器的周圍理論上也會產生磁場。所以，即使電容器的電極之間實際上沒有電流，電場的變化也會產生磁場。（答）

35
第3章　理解「電」就能理解近代科技的基礎
馬克士威方程組

§36

弗萊明定則

—— 說明磁場對電流的作用力方向的公式

　　弗萊明在大學教授電磁感應原理的時候，發現學生們經常會搞混電流和作用力方向的關係，所以想出用手指幫助記憶的方法。這就是**弗萊明定則**。雖然不是新發現的物理定律，對後代的學生來說卻是非常好用的「定則」。

安培力

　　在開始介紹弗萊明定則之前，首先要講前面一直刻意避開不談的「**安培力**」（不是安培定律）。

　　電流通過導線時會產生磁場，代表導線通電後就能變成磁鐵。然而，2個磁鐵之間會有力的作用。所以「以此類推」，通電的導線和磁鐵之間，以及2條通電的導線之間也存在作用力，安培已在實驗中證實了這點。安培確定了**磁鐵產生的力和電流產生的力是完全相同**的力。而導線的電流從磁鐵和其他電流受到的作用力，就稱為**安培力**。

　　下圖是安培在實驗中觀察到的磁鐵和直線電流，以及2條直線電流間的作用力方向。

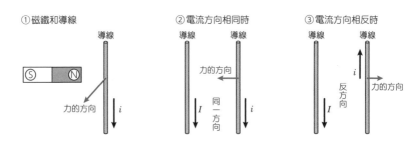

①磁鐵和導線　②電流方向相同時　③電流方向相反時

馬達的原理

利用前頁下方圖①的力，就能做出直流馬達。讓電流通過磁鐵產生的磁場時，會產生像下圖所示的作用力，使導線發生旋轉。直流馬達就是靠「安培力」運轉的。

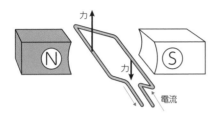

簡單的直流馬達結構

磁場方向是從N極往S極，若依照左頁的圖①擺放，就能得到左圖所示的作用力。這個力可驅動導線旋轉。然而，方向的判斷卻很麻煩。

安培力的方向和感應電流的方向

接著在前頁的電流和作用力實驗中，加上磁場的方向（即磁力線方向）吧。我們已經知道磁場和電流的作用力方向互相垂直。上述的直流馬達內部的作用力方向也是一樣。

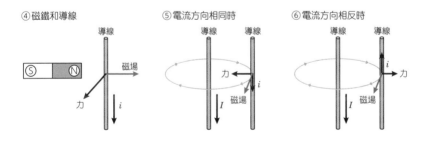

④磁鐵和導線　　　⑤電流方向相同時　　　⑥電流方向相反時

那麼，接著來看看§33中分析過的，電磁感應產生的感應電流的方向吧。只要旋轉上述直流馬達的軸心，就能產生電力。這裡我們將馬達軸心朝順時針方向轉動。根據冷次定律，感應電流的方向、導線的運動和磁場的運動方向將會是下頁所示的關係。這也是發電機內用電磁感應產生的感應電流方向的特徵。

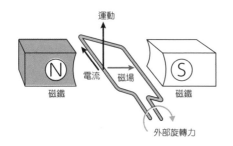

簡單的發電機結構
根據冷次定律，電流從上方看下去必
須朝右旋轉。此時，電流的方向、線
圈的運動方向及磁場方向將如左圖所
示。要判斷方向還是很麻煩。

弗萊明＜右手・左手＞定則

　　這樣各位應該就能體會弗萊明教導學生時的煩惱了。因為馬達和發電
機看起來很像，但方向卻不太一樣，所以非常容易搞混。因此，弗萊明為
2種情況做了以下整理。這就是俗稱的**弗萊明右手定則**和**左手定則**。

討論馬達時伸出**左手**的拇指、食指、中指，三指互相垂直時，依序代
表『作用力』、『磁場』、『電流』的方向。討論發電機時則伸出**右手**
的拇指、食指、中指，三指互相垂直時，分別代表『導線的運動』、
『磁場』、『感應電流』的方向。

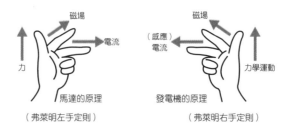

用弗萊明定則記住＜電、磁、力＞

　　弗萊明定則雖然的確有助於整理問題，卻還是有敘述太長不易記憶的
缺點。不過，日語中有很多好用的雙關語可以幫助記憶。像圓周率 π 的記
法就是「產醫師出國去」（日文音同3.14159265）。而弗萊明定則也有類
似的口令能幫助記憶。在眾多口令中，最為人所知的是「發電機舉右手，
方向為『電磁力』」。

前一句「發電機舉右手」是用來區別右手定則和左手定則。因為發電機要用「右手定則」（左撇子要小心別記錯）。

後一句「方向為『電磁力』」則用來記憶手指和對應的物理量。「電」就是電流，「磁」是磁場，「力」是力學量，依序對應中指、食指、拇指。

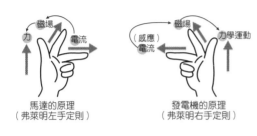

馬達的原理
（弗萊明左手定則）

發電機的原理
（弗萊明右手定則）

記憶法
中指到拇指依序為「電」、「磁」、「力」。注意拇指永遠代表力學量。

順帶一提，弗萊明左手定則最有名的記憶法是「*FBI*」（見下節§37）。

👆 挑戰題

〔問題〕右圖的發電機中，N極在右，S極在左。請問當圖中的導線向右旋（順時針轉）時，電流的流動方向？

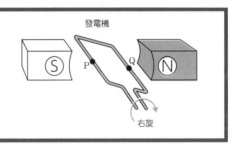

發電機

右旋

[解] 因為是發電機，所以要用「右手定則」。舉例來說，以導線上P點的位置來看，磁場方向向左，力學運動向上，因「電」、「磁」、「力」分別對應右手中指、食指、拇指，故電流方向是從畫面上方往下方流動（Q點的位置則是從畫面下方往上方流動）。（答）

第3章 理解「電」就能理解近代科技的基礎

弗萊明定則

§37

勞侖茲力
—— 運動於磁場中的帶電粒子所受的力

在前一節（§36）中，我們討論了電流在磁場中所受的作用力定性。而本節，我們要討論這個力的定量。

安培力

導線中的電流從磁鐵或其他電流的受力稱為**安培力**（§36）。而「弗萊明左手定則」雖然可以判別安培力的方向，卻無法判斷這個力的大小。本節就要來討論這個力的大小。

> 在磁場中，假設流經的電流為I，當電流通過長度l的導線時所受的力的大小F為
> $$F = kIB_\perp l \quad （k為由單位決定的比例常數）\cdots（1）$$
> $B_\perp$為與電流方向垂直的磁場分量。

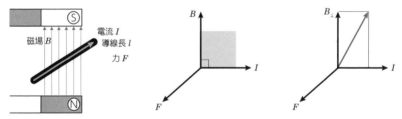

同磁場（強度B）的空間中長度l的導線所受的力，若電流I與磁場垂直時可記為$kIBl$。若非垂直時，$B_\perp$為磁場垂直於電流方向的分量，寫做$kIB_\perp l$。

由圖可知，若將FBI依序套用於左手的拇指、食指、中指的話，就能用來判斷FBI的方向。FBI是「美國聯邦調查局」的縮寫，相信大家都曾在電影或新聞聽過這個詞。

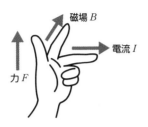

磁場 B

電流 I

力 F

弗萊明左手定則與FBI
前一節（§36）也介紹過，這個方法尤
其常被用在公式（1）。用FBI來記絕對
不會忘記。另外，F就是force（力）的
字首。

勞侖茲力

安培力的公式（1）描述的是微觀下的電流在磁場中所受到的作用力。
勞侖茲力描述的，則是構成電流的一個個帶電粒子所受到的作用力。

以速度 v 運動的電荷 q 的粒子在磁場中所受的力，方向遵循弗萊明左
手定則，大小 F 則可用以下公式表述。

$$F = kqvB_\perp \quad （k\text{為由單位決定的比例常數}） \cdots （2）$$

$B_\perp$ 為與粒子運動方向垂直的磁場分量。

（注）使用弗萊明左手定則時，電荷 q 為正時 qv 與電流 I 的方向一致。然而，q
為負時則與電流 I 反方向。此外，也有些文獻將勞侖茲力定義為此作用力（2）
加上庫侖力。

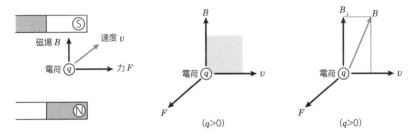

在具磁場的空間內，以速度 v 運動帶電荷 q 的粒子所受的作用力就是勞侖茲力。上圖為 q
>0時的情況（$q<0$的話則為反方向）。運動方向若與磁場 B 垂直，則直接寫作 $kqvB$。兩
者非垂直的時候，$B_\perp$ 為與粒子運動方向垂直的磁場分量，寫作 $kqvB_\perp$。

第3章 理解「電」就能理解近代科技的基礎

勞侖茲力

勞侖茲力跟粒子運動方向垂直，作用力大小則為公式（2）。同時，還具有以下特徵。

(I)即使帶電粒子的軌跡彎曲，速度大小也不會改變。

(II)勞侖茲力與速度大小成正比。

把這個性質運用得最極致的生活用品，就是古早電視的主要零件映像管。映像管就是用這個性質來控制電子。

另外，粒子加速器也不能沒有勞侖茲力。粒子加速器是讓電子或質子等粒子高速碰撞來產生基本粒子，藉此研究基本粒子性質的實驗裝置。最近也被用於製造X光來調查物質的構造和組成。

下圖是名為回旋加速器的古典粒子加速器的原理圖。這種裝置的運作方式是將薄金屬筒從中切成兩半，放置在真空中，然後在上下製造2個強度相同的磁場，並在2個半筒的中間施加高頻電壓。接著射入帶電粒子後，粒子就會受到勞侖茲力作用，開始加速。

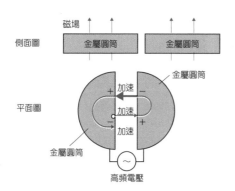

回旋加速器的原理

將薄金屬圓筒如左圖切成兩半，放在2個強度相同的磁場中。接著將電子射入中央，電子會因勞侖茲力而進行圓周運動，而圓筒兩側的電壓則會使電子加速。如此一來電子的圓周運動的半徑會愈來愈大，愈來愈快。最後讓電子撞擊目標物，就能產生基本粒子了。

勞侖茲力與極光

地球無時無刻都沐浴在太陽射出的高速帶電粒子雨中，這就是俗稱的太陽風。而太陽風的一部分，會像下頁圖所畫的那樣被地球磁場捕捉，以高速狀態撞上大氣分子。此時，粒子的動能會變換成光，這就是極光的成因。這些來自太陽的高速粒子之所以會被地球磁場捕捉，就是因為前面介紹的勞侖茲力的特徵(I)(II)。因為速度不變，加上受到與速度垂直方向的

力作用，帶電粒子才會一邊做螺旋運動一邊飛向地球。

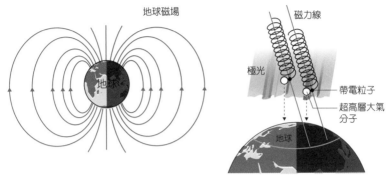

極光的原理
來自太陽的帶電粒子，因勞侖茲力影響而沿著地球磁場以螺旋軌跡高速落下。這些
帶電粒子撞上大氣層後，會激發空氣中的原子和分子。而這些激發態的大氣分子恢
復原本狀態的過程中發出的光就是極光。

挑戰題

〔問題〕請參考上圖，思考赤道上看不見極光的理由。

[解] 在赤道上，被地球的磁場（上圖左）捕捉到、來自太陽的高速粒子會在非常接近地
球的時候才發生偏向，所以沒辦法撞上赤道上空的大氣。（答）

§38

焦耳第一定律
—— 電能轉換為熱能的變換定律

　　19世紀初，人們還不曉得熱的真面目。當時支配著科學界的理論是**熱質說**。熱質說認為熱是具發熱現象的「某種物質」，跟其他物質結合後就會隱藏，然後游離出來以熱的形式出現。順帶一提，熱質是翻譯自**Caloric**，Caloric也是現今熱量單位「卡路里」的語源。

焦耳第一定律

　　在那樣的時代，英國科學家焦耳（1818～1889）設計了一場實驗，測量電流產生的熱（右圖）。然後他發現，電流愈強，或是通電時間愈長，水溫就會愈高。不僅如此，電熱線愈細，或是導線長度愈長，水溫同樣也會跟著上升。焦耳更將這個結果化成公式，在1840年公開發表，這就是**焦耳第一定律**。這個過程中產生的熱則稱為**焦耳熱**。

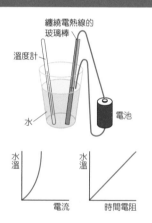

產生的熱量∝（電流）^{2}×電阻×時間　（∝代表成正比）…（1）

焦耳的實驗

　　但焦耳的才能並不止於「焦耳第一定律」。在那之後，他又做了如右頁上圖的實驗裝置，發現水溫竟然上升了。換言之，當重物落下時，地球重力所做的功會轉換成熱。

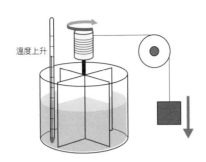

溫度上升

焦耳的實驗
當重物往下掉時，水溫就會上升。代表重力做的功轉換成熱。製作可緩慢運動的裝置對於量化的實驗非常重要。

這雖然是個很簡單的實驗，但在19世紀的當時卻是衝擊性的發現。就如一開始提到的，當時的人們都以為「熱是由熱質傳遞」，但這個實驗卻沒有熱質插手的空間。因為是物體掉落這個「機械性的功」產生了熱。

（注）關於功的概念，請參考§7、§19。

跟通電實驗的時候一樣，焦耳再次將這次實驗的結果量化，發現了以下的關係式。這就叫**熱功當量**。

> 1卡路里＝ 4.2J

這裡的J是「機械功」的量化單位，讀作焦耳（§7）。這個單位J的縮寫正是取自這位科學家的名字。

「機械功」跟熱可以用這個公式互相換算。可對等地討論「力學的功」與熱，對於人類理解熱的本質是非常重要的一步。

熱和力學的功等價。

焦耳第一定律與歐姆定律的關係

所謂的電壓就是電的壓力（§28）。這可以用水流動時的水位差來理解。一如水力發電，水從高處流往低處時會作功。電也一樣，電從高電位移動到低電位時也會作功。水的作功量與水量和水位差，以及流動時間成正比。同樣地，電的作功量與電量、電壓，以及通電時間成正比。

作功量 ∝ 電量 × 電壓 × 時間

另外，電量與電流成正比，而根據歐姆定律，電壓可表示為「電阻×電流」（§28）。所以統整之後為

作功量 ∝ 電流 × (電阻 × 電流) × 時間 = (電流)^2 × 電阻 × 時間

而換算成熱後，就可以得到焦耳第一定律（1）。所以，從歐姆定律也可以推導出焦耳第一定律。

焦耳熱的真面目

如同前述，電流通過產生的熱稱為「焦耳熱」。例如烤土司機和電暖爐的發熱就是運用焦耳熱。

這裡讓我們探究一下焦耳熱的成因。話說回來，熱究竟是什麼呢？日本《大辭林》（三省堂）字典上，記載了一段非常難看懂的定義。

能量從溫度高的系統向溫度低的系統移動時的一種能量移動型態，不須借助力學的功或物質的移動。可改變內部的能量。

能看懂這段話的想必都是理科出身的人吧。話說，日常生活中的溫度和熱根本沒有區別。就算說「因為感冒而發熱」也不會有人覺得奇怪。

然而，在科學界，熱跟溫度是有嚴密區分的。所謂的溫度，乃是構成物質的原子、分子的平均動能的指標。例如，構成固體的原子和分子就不是靜止不動，而是以特定位置為中心一直快速振動著。而這些分子和原子的平均動能就是用溫度來表現。

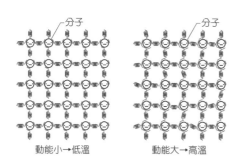

固體可以想成構成的原子和分子緊密結合的狀態。溫度低的時候，構成的原子和分子不太移動。溫度高時，原子和分子在特定位置激烈振動。

動能小→低溫　　　動能大→高溫

而使系統從低溫狀態變成高溫狀態的就是「熱」。這樣想的話，就能理解焦耳熱的真面目。電流通過導線時，移動的電子會碰撞導體中的原子

和分子。這個碰撞會讓構成導線的原子和分子產生晃動，使導線的溫度上升。

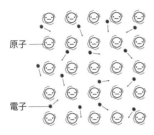

原子——
電子——

導線中的情形
流動的電子會碰撞導線中的原子和分子，使它們發生振動。就好像一個人突然衝進整齊排列的隊伍中，讓隊伍亂掉一樣。同樣的比喻也在歐姆定律一節提過。

✍ 挑戰題

〔問題〕體重50kg的人爬上3m高的階梯時，重力的作功大約是1470焦耳。若功和熱轉換效率是100%，請問此人一共消耗了多少卡路里？

[解]　1卡路里＝4.2焦耳，故答案是1470÷4.2＝350卡路里。（答）

38

第3章　理解「電」就能理解近代科技的基礎

焦耳第一定律

COLUMN

從家電認識電和磁

　　我們身邊的家電製品就是認識電和磁最好的教材。用烤箱烤麵包是利用焦耳熱，冰箱的馬達是靠安培力和勞侖茲力在運轉。

　　然而，近20年普及的很多家電製品，構造都比較複雜不易理解。譬如，**電磁爐**（在日本又叫IH調理器）就是其中的例子。

　　電磁感應原理並不是光用線圈就能發揮效用。例如用一塊普通的金屬板靠近磁鐵的N極。此時金屬板上的假想迴路上的磁力線增加，電磁感應定律就會開始作用。同時，金屬板上會產生試圖抵消磁場變化的感應電流。這就叫**渦電流**。

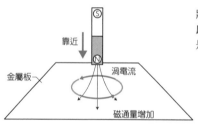

將磁鐵靠近時，假想的圓內會產生感應電動勢，製造感應電流。這就是渦電流。

　　把磁鐵換成用高頻交流電製作的電磁鐵，然後使渦電流快速變換電流方向，金屬板就會因電阻而發熱（焦耳熱）。電磁爐就是以此當作熱源來調理食物。知道原理後，下次用電磁爐煮火鍋時，吃起來一定會更好吃吧。

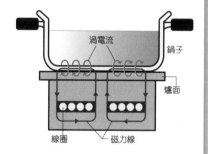

第4章

探究氣體、液體、固體的定律

PHYSICS AND CHEMISTRY
LAW
PRINCIPLE
FORMULA

§39

質量守恆定律
—— 化學反應前後的總質量不變

　　關於物質究竟是什麼，早在古希臘時代就已經有人提出各式各樣的理論。19世紀初葉，道爾呑的原子論和亞佛加厥的分子論發表，為了建立這兩項學說，科學家們付出了無數的努力和發現。其中之一就是質量守恆定律。

質量守恆定律

　　將10g的氯化鈉融於100g的水中，請問水的總質量會變成多少呢？答案是110g。最早將這個在現代已是理所當然的常識定律化的，就是**質量守恆定律**。

　　　　氯化鈉10g＋水100g＝110g

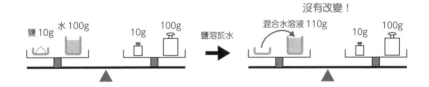

　　化學變化和狀態變化前後的總質量不變。

質量守恆定律的真正價值

　　上記的氯化鈉和水的實驗太過簡單，無法體會這項定律的寶貴之處。然而，當發生化學反應，外表看上去大幅改變的情況又如何呢？例如將10g的木片用火燒掉，經過這樣的化學反應後，木片感覺好像變輕了。實

際上，18世紀的人們也幾乎都這麼相信。。

但法國科學家拉瓦節（1743～1794）做了下述的實驗，發現了燃燒前後的總質量其實沒有改變，根據此實驗發表了「質量守恆定律」。1772年，也就是法國大革命（1789年）的前夕，也正好是日本田沼意次當上江戶幕府老中的那年。

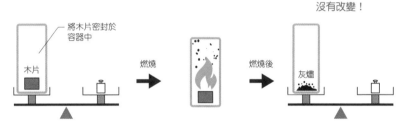

拉瓦節的實驗

拉瓦節將物體放在密封罐中，在罐裡進行了燃燒的實驗。當時的人們對於燃燒現象和空氣的關係仍不清楚，但通過這個實驗，科學家們漸漸解開了化學反應的原理。另外，拉瓦節實驗實際上用的不是木片，而是金屬的錫。

什麼是燃燒？

西元前的年代，人類一直對「燃燒究竟是什麼」這個問題感到困惑。例如古代的希臘哲學家亞里斯多德就提出了「火元素」來解釋燃燒現象的理論。此後更提倡了「自然界是由水、空氣、土、火等四種元素組成」的**四元素說**，認為只要改變元素的性質（溫冷乾溼），就能轉換這四種元素。這個理論在之後長達1700年的時間被人們深信不已，更孕育了認為能用其他元素製造出黃金的「煉金術」。

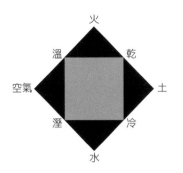

亞里斯多德的四元素說
亞里斯多德提出「自然是由水、空氣、土、火這四種元素組成」的四元素說，並認為只要改變元素的性質（溫冷乾濕）就能轉換元素。

　　隨著時代演進，到了法國大革命的時期，當時最流行的燃燒理論則是「**燃素說**」。這個理論認為「燃燒就是物質放出燃素的現象」，例如木頭燃燒的現象其實就是「木頭著火後燃素逸散，最後變成沒有燃素的空殼，也就是灰燼」。

燃素說
燃素一詞源自希臘語的「燃燒」。該詞是18世紀初，由德國科學家斯塔爾命名。他認為燃素存在於可燃物質和金屬等物質中，物質愈容易燃燒代表其中含有愈多燃素。而燃燒就是物質釋放燃素，只留下灰燼的現象。

　　但拉瓦節不滿足於這種性質論的解釋，希望用量化的實驗來理解燃燒現象。然後，他發現在金屬在空氣中燃燒時，燃燒後的重量反而會增加，於是認為金屬在「燃燒過程中從空氣中吸收某種東西」。不僅如此，他還成功從空氣中提取出那種氣體，並將它命名為「氧」。就這樣，拉瓦節成功用量化的方式詮釋了物質的變化，奠定了近代化學的基礎，也因此被稱為「近代科學之父」。然而，儘管立下這麼偉大的功績，拉瓦節還是在1794年的法國大革命混亂中，被推上斷頭台處死了。

被愛因斯坦推翻的質量守恆定律

然而，質量守恆定律嚴格來說並不有效。例如，太陽的燃燒就是「氫燃燒變成氦」（這個反應即是**核融合反應**）。此時，如下圖所示，反應前後的總質量會減少（物理學上稱為**質量缺陷**）。

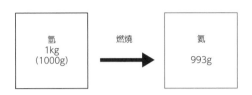

核融合反應的質量缺陷
減少了約0.7%的質量。

質量不守恆的原因，是因為質量m依照下面的轉換公式變成了能量E。這就是愛因斯坦導出的著名公式（§67）。

$$E = mc^2 \quad (c\text{ 是光速} \fallingdotseq 30\text{萬公里／秒})$$

順帶一提，核能發電廠所用的燃料（鈾235），1公斤約可將0.7g的質量轉換成能量。

鈾235的質量缺陷
約0.07%的質量轉換成能量。

根據這個公式，如果用軍事武器當標準的話，單純換算氫彈的威力大約是鈾彈的10倍左右。

挑戰題

〔問題〕錫在空氣中燃燒後，質量會增加。請問這是否違反質量守恆定律？

[解] 不違反。因為錫增加的質量是來自空氣中的氧。（答）

§40

定比定律與倍比定律

—— 道爾吞原子論誕生的契機

過去幾十年，現代社會一直把物質是由原子和分子構成視為理所當然，並運用於各種領域。然而，人類其實直到200年前才知道物質是由原子和分子構成的，歷史一點都不遙遠。在本節就來檢視一下這個理論吧。

定比定律（質量比）

現在，我們來做個鎂燃燒的實驗。我們一邊增加燃燒的鎂的質量，並記錄下不同質量的鎂在燃燒時與鎂化合的氧的質量。

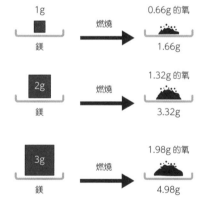

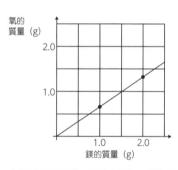

在空氣中燃燒鎂，質量會增加。增加的量即是氧的質量。

實驗結果如右表。由表中可知，燃燒的鎂的質量，與反應的氧的質量比是固定的，這就叫定比定律。該定律的一般表述如下。

一種化合物的組成元素的質量比為固定不變。

這項發現是1799年，由法國化學家普勞斯特首先發現並發表的。這

項定律的發現，可說是證明了「物質由原子構成」這個在現代已成為常識的理論正確性的實驗先驅。

倍比定律

英國科學家道爾吞（1766～1844）在1803年，發現了下述法則，俗稱倍比定律。

> 若2種元素可生成2種或2種以上之化合物時，在這些化合物中，若一方元素的質量固定，則另一元素的質量總是成簡單整數比。

讓我們用碳的化合物舉兩個例子來確認看看吧。兩者同樣都會符合倍比定律。

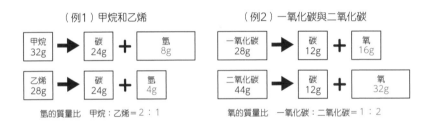

（例1）甲烷和乙烯

甲烷 32g ➡ 碳 24g ＋ 氫 8g

乙烯 28g ➡ 碳 24g ＋ 氫 4g

氫的質量比 甲烷：乙烯＝2：1

（例2）一氧化碳與二氧化碳

一氧化碳 28g ➡ 碳 12g ＋ 氧 16g

二氧化碳 44g ➡ 碳 12g ＋ 氧 32g

氧的質量比 一氧化碳：二氧化碳＝1：2

倍比定律
32g的甲烷可分解成24g的碳和8g的氫，28g的乙烯可分解成24g的碳和4g的氫。同樣是24g的碳，甲烷的氫有8g，乙烯的氫有4g，換言之即是8：4＝2：1，成簡單整數比。一氧化碳和二氧化碳也一樣。

道爾吞確定了倍比定律的存在後，才終於確信「原子說」是正確的，將之公諸於世。

道爾吞的原子說

根據前面介紹的「質量守恆定律」、「定比定律」和「倍比定律」，將古希臘時代的原子論具體化提出的人正是道爾吞。1803年，道爾吞發表了俗稱「**道爾吞原子說**」的論文。該學說的概要如下，內容都是現代已等同常識的觀念。

- 一切物質都是由不可分割的原子構成的。
- 同種的原子，質量和性質也完全相同。而不同元素的原子，具有不同的質量和性質。
- 化合物是由多種原子組成的。

接著5年後，道爾吞又想出了一種用來表示原子的獨特圓形符號。

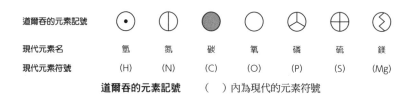

道爾吞的元素記號	⊙	⊕	●	○	△	⊕	⊘
現代元素名	氫	氮	碳	氧	磷	硫	鎂
現代元素符號	(H)	(N)	(C)	(O)	(P)	(S)	(Mg)

道爾吞的元素記號　　（ ）內為現代的元素符號

道爾吞利用這些元素符號來表現化合物的型態（也就是現代說的分子式）。儘管從現代的角度來看有些錯誤，但作為一種表達形式卻非常清楚易懂。

道爾吞的原子說非常漂亮地解釋了「質量守恆定律」、「定比定律」和「倍比定律」。然而，科學家們還是發現了無法用原子說解釋的現象。那就是「氣體反應定律」（見次節§41）。

道爾吞原子說的歷史意義

道爾吞的原子說可以解釋「質量守恆定律」、「定比定律」、「倍比定律」。「質量守恆定律」是因為原子不可分解，所以總質量當然不變；「定比定律」也是因為物質為原子結合而成的，所以理所當然能成立。例如我們在182頁介紹過的鎂的實驗中，1個鎂原子會和1個氧原子反應，所以反應的物質質量比例明顯會是固定的。

鎂的燃燒

此外，「倍比定律」的部分，因為化合物是1個原子跟1單位的原子結合而成的，所以也明顯成立。

倍比定律跟原子模型

在道爾吞之前，古希臘的德謨克利特就已經提出原子論的想法，但始終只是一種概念。然而，道爾吞的原子說是建立在實驗上的事實。能於科學層面上證實原子論，這具有非常重大的意義。

挑戰題

〔問題〕請試著用道爾吞的原子記號表示水（分子式H_2O）的結構。

〔解〕 水 ⊙○⊙（答）

附註

元素與原子

　　元素跟原子的差異不容易理解。元素是構成物質的基本成分，代表的是元素獨特的性質和反應。而元素的實體則是原子。例如「氧」指的是元素，用來描述其獨特的性質，而氧的實體則是氧原子。由8個質子和中子、電子組成的實體。

亞佛加厥定律

—— 實際構成物質的是分子而不是原子

本被認為是完備的道爾吞原子說，卻有個難以解決的問題。而克服了這個難題的人，是科學家亞佛加厥（1776～1856）。本節要探討的便是亞佛加厥發現的「亞佛加厥定律」。

氣體反應定律

道爾吞發表原子說（1803年）後數年，法國科學家給呂薩克（1778～1850）發現了名為**氣體反應定律**的新物理法則。

> 化學反應中，2種以上的氣體發生反應時，在同溫同壓的狀態下，反應氣體的體積與生成氣體的體積比為簡單整數比。

以氫的燃燒實驗為例。在高溫下實驗時，反應得到的水通常是水蒸氣，此時會出現如下圖所示的反應。氧跟剛好可以完全反應的氫的體積比為1：2，而反應得到的水蒸氣也恰好具有2體積。

氫2 ＋ 氧1 ➡ 水（水蒸氣）2

氫氣燃燒實驗
將氫和氧以2比1的比例燃燒後，會得到2的水蒸氣。

由此可見，氣體在反應的時候，在同溫同壓下總是成簡單整數比。這項發現在剛發表時，被視為是對道爾吞原子說的補強。但道爾吞本人不愧慧眼獨具，立刻從這個實驗結果發現了不對勁。

道爾吞原子說的難點

現在，讓我們回顧剛才的氫氣燃燒實驗，重新檢視道爾吞的原子說。根據實驗事實，當時已知「同溫、同壓、同體積的氣體擁有的原子數也相同」。

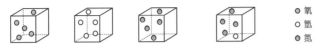

◉ 氧
○ 氫
◎ 氮

無論何種氣體，在同溫、同壓、同體積時擁有的原子數相同。

因此，氧氣跟剛好可完全反應的氫氣的體積比為1:2的事實，用道爾吞的原子說來解釋時，就會發生矛盾（下圖）。

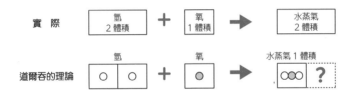

實　際　氫 2體積　+　氧 1體積　➡　水蒸氣 2體積

道爾吞的理論　氫 ○ ○　+　氧 ◉　➡　水蒸氣1體積 ○◉○ ?

這個理論跟實驗結果的衝突令道爾吞相當苦惱。而此時跳出來解決了這個難題的，乃是義大利科學家亞佛加厥。

亞佛加厥定律

亞佛加厥提出了現在被稱為亞佛加厥定律的以下假說。

> 同溫同壓下同體積的氣體，不論氣體種類，皆含有相同數量的分子。

這句話的重點在於，亞佛加厥用的是「分子」這個詞。換言之，他將決定物質性質的基本單位改為「分子」，而分子又由原子構成。

繼續回到先前氫氣燃燒實驗。如果把氫氣和氧氣想成由2個氫原子和2個氧原子結合而成的「分子」，那麼就像下頁的圖那樣，一切都說得通了。

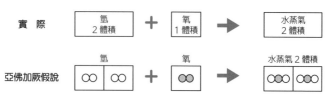

實　際　　　氫 2體積　＋　氧 1體積　➡　水蒸氣 2體積

亞佛加厥假說　　氫 ∞ ∞　＋　氧 ●●　➡　水蒸氣 2體積 ○●○ ○●○

亞佛加厥假說
若把氫氣和氧氣想成由2個相同原子構成的**分子**，
就能完美解釋實驗結果了。

　　亞佛加厥的主張在當時被稱為「假說」，但他的理論模型非常有效地解釋了很多現象，所以在現代被稱為亞佛加厥定律。其中把焦點集中在分子上，將「以分子為決定物質性質的基本單位」這部分，被稱為**亞佛加厥分子說**。

亞佛加厥常數

　　2g氫分子在0℃、1大氣壓下，擁有22.4公升的體積。若承認「同溫同壓下，同體積氣體擁有的分子數相同」的亞佛加厥定律，那麼在0℃、1大氣壓下，擁有22.4公升體積的其他氣體，應該也含有相同數量的分子。

　　因此，科學界將2g的氫氣分子在0℃、1大氣壓下，22.4公升時所含的分子數——6.0×10^{23}個，定為**亞佛加厥常數**。以**莫耳**來稱呼此數量單位。就像12枝鉛筆叫1打，含有亞佛加厥常數數量的原子和分子則稱為1莫耳。

（注）現代亞佛加厥常數的定義已改為12g質子數12的碳所含的碳原子個數。

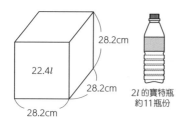

22.4ℓ
28.2cm
28.2cm
28.2cm
2ℓ 的寶特瓶
約11瓶份

在0℃、1大氣壓下，22.4ℓ所含的原子或分子數等於1莫耳。此外，0℃、1大氣壓（1.013×10^5Pa）稱為**標準狀況**。

挑戰題

〔問題〕混合體積比1：3的氮氣和氫氣，進行化學反應時，會產生2體積的氨。請用這個比例，說明道耳吞原子說和亞佛加厥分子說的差異，並驗證亞佛加厥分子說是否更加符合事實。

[解] 如下圖所示。（答）

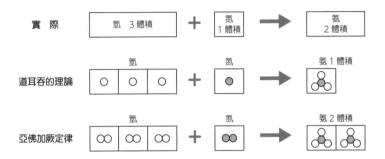

附註

單原子分子

亞佛加厥認為「氣體是由原子組成的分子所構成的」，但這句話在現代也遭到修正。這是因為科學家們後來發現了俗稱惰性氣體的氦、氖、氬等元素的存在。這些元素平時就是以1原子的形態存在。因此，為了維持統一性，這些分子稱為單原子分子。

§42

波以耳定律和查理定律
—— 作為氣體科學出發點的定律

　　人類認識空氣的概念，仍是不久之前的事。而對空氣的研究，更是現代各種熱學應用的出發點。

波以耳定律

　　很多爬過山的人都知道，洋芋片的包裝在高山上會膨脹。愛爾蘭的科學家波以耳（1627～1691）在1661年對這個現象做了量化的實驗，發現密封的氣體存在著以下定律。

> 溫度不變時，氣體的壓力p與體積V成反比。換言之，$pV=$定值

　　（注）本書為了方便理解，主要以1大氣壓（1013百帕）為壓力單位。

　　例如，在一個蓋子可以上下移動的圓筒形密閉容器中，注入1大氣壓、4公升的氣體。然後，從蓋子上施力，再測量氣體體積跟容器中的壓力。結果會發現，當溫度相同時，體積和壓力呈現如下圖圖表的反比關係。這就是**波以耳定律**。

波以耳定律：壓力加倍時，氣體體積減半。

波以耳定律的微觀意義

　　從微觀的世界來解釋波以耳定律時，一定會遇到「氣體的壓力究竟是

什麼？」的問題。人類花了大量的時間試著解答這個問題，而從結論來說，「隨機運動的氣體分子撞擊壁面時每單位面積產生的力」就是氣壓的來源。就像球撞到牆壁時，會對牆壁施加作用力一樣，這就是壓力的來源。

氣體的體積愈小，密度就愈高，撞上牆壁的分子數量就會增加。所以，牆壁受到的壓力也愈大。而將這個過程用定量化的方式描述，就是波以耳定律。

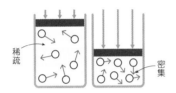

蓋子的壓力增加，氣體的體積變小時，氣體密度就會增加，使撞上牆壁的分子數增加。如此，壓力就變大了。

查理定律

把便利商店的麵包連包裝袋一起放進微波爐裡加熱時，包裝袋會膨脹。法國科學家雅克·查爾斯（1746～1823）於1787年對這個現象做了量化的實驗，將以下的關係歸納整理出了查理定律。

> 壓力固定的密封氣體，溫度每上升1℃，就會增加0℃時體積的1/273。

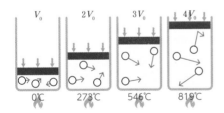

查理定律：溫度的增加與體積的增加成正比的定律。

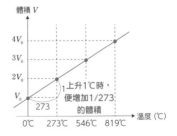

查理定律的微觀意義

一如前述，所謂的氣壓就是隨機運動的氣體分子撞上壁面時每單位面

積產生的作用力。分子的運動速度愈快，壁面被撞上時的受力就愈大。而氣體的溫度上升時，氣體分子的運動就會更為激烈，結果就會以更強的力量撞上壁面。所以溫度提高時，氣體的壓力會增加，使空氣膨脹。

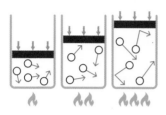

氣體的溫度上升時，氣體分子會高速移動，更用力地撞上壁面。這就是溫度提高時空氣膨脹的原理。

絕對溫度

那麼，讓我們再回到前面提過的查理定律的圖表（右圖）。這條直線的公式如下。

$$V = \frac{V_0}{273} \ (T+273) \cdots (1)$$

上式中的V_0就是0℃時的氣體體積。

接著，再加入溫度計的刻度來看。將攝氏溫度加上273後，畫上新的刻度，就是新的溫度T（單位為K）。

$$T\,(\text{K}) = T\,(℃) + 273 \cdots (2)$$

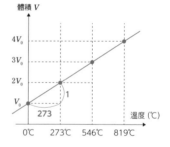

（注）K取自對絕對溫度有重要貢獻的英國科學家克耳文的名字字首。

T℃和新溫度T（單位為K）的關係如下。

$$T(\text{K}) = T(℃) + 273$$

於是，查理定律（1）就可以整理成以下的簡潔形式。

$$V = \frac{V_0}{273} T \quad \text{（此處的} V_0 \text{代表0°C時的氣體體積）} \cdots (3)$$

（2）中調整刻度後的溫度稱為**絕對溫度**，單位符號寫作K。運用絕對溫度，就能將查理定律簡單表示為「體積與絕對溫度成正比」。

絕對零度（0度）與理想氣體

接著讓我們把查理定律的公式（3）畫成圖表。沒想到，$T=0$時，氣體的體積居然也是0。現實中的氣體並不完全符合波以耳定律和查理定律。因此，科學家們設想了一種完全符合這2個定律的氣體，並稱之為**理想氣體**。已知地球高空的稀薄空氣很接近理想氣體。

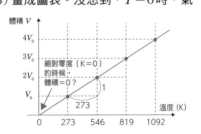

挑戰題

〔問題〕假設0°C、1大氣壓下，有體積1m³的稀薄空氣。在1大氣壓下將此空氣加熱到100°C後，試求氣體的體積是多少m³？另，維持0°C時若體積變為2倍，空氣的壓力又會變成多少？

[解] 根據查理定律（1），100°C時的體積為373/273m³（＝1.37m³）。根據波以耳定律，體積2倍時壓力為0.5大氣壓。（答）

§43

波查定律

—— 波以耳定律和查理定律的結合

接著讓我們試著把波以耳定律和查理定律合而為一。如此一來，就能為導出熱力學中最基本的理想氣體方程式（§44）打開大門了。

波以耳定律和查理定律的複習

首先來複習一下波以耳定律和查理定律。

- （波以耳定律）溫度固定時，氣體的壓力 p 與體積 V 成反比。表現成公式則是 $pV=$ 定值 … （1）
- （查理定律）壓力固定時，絕對溫度 T 的氣體體積 V 為
$V = \dfrac{V_0}{273} T$ （V_0 為0℃時的氣體體積）… （2）

〔波以耳定律〕

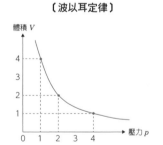

〔查理定律〕

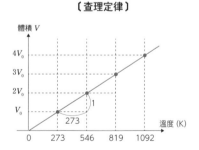

需要注意的是，這裡的溫度都是絕對溫度。換言之，如果要以日常使用的攝氏溫度當 t（℃），就必須再加上以下的變換公式換算成絕對溫度 T（K）（§42）。

$$T = 273 + t$$

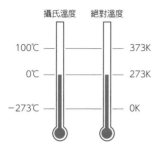

攝氏溫度　絕對溫度

100℃ ── 373K

0℃ ── 273K

−273℃ ── 0K

氣體的溫度要用絕對溫度

物理和化學中絕大部分的領域，基本上都是以絕對溫度當溫度標準。

查理定律的變形

查理定律（2）可以變形成下面的形式。

$$\frac{V}{T} = \frac{V_0}{273} = 定值$$

換句話說，查理定律也可以改寫成如下。

（查理定律）　$\dfrac{V}{T}$＝定值 … （3）

波查定律

接著把波以耳定律和查理定律整理成單一公式吧。

此刻，假設在一密封容器中裝入氣體，氣體的體積、壓力、溫度依序表示為 V_1、p_1、T_1。接著改變該氣體的壓力和溫度後，體積、壓力、溫度依序變化為 V_2、p_2、T_2。

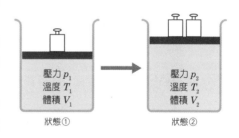

壓力 p_1
溫度 T_1
體積 V_1

狀態①

壓力 p_2
溫度 T_2
體積 V_2

狀態②

此時，如下頁的圖所示，這個變化可分成2個階段，而不是直接從 V_1、p_1、T_1 變成 V_2、p_2、T_2。途中會先經過一個「中間狀態」，體積、壓力、溫度分別為 V_M、p_2、T_1。

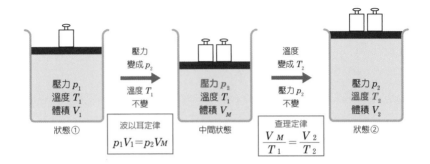

此時，如圖所示，第1階段時遵循波以耳定律（1），第2階段則遵循查理定律（3），故可整理出以下關係式。

第1階段：$p_1 V_1 = p_2 V_M$ … （1）

第2階段：$\dfrac{V_M}{T_1} = \dfrac{V_2}{T_2}$ … （2）

將（1）（2）等式的左邊乘左邊，右邊乘右邊後可得

$$p_1 V_1 \frac{V_M}{T_1} = p_2 V_M \frac{V_2}{T_2}$$

約分兩邊的V_M，則可得出右式。$\dfrac{p_1 V_1}{T_1} = \dfrac{p_2 V_2}{T_2}$

簡單來說，即使改變一氣體的壓力和溫度，但壓力×體積／溫度仍是定值。這就是**波查定律**。

密封氣體的體積、壓力、絕對溫度依序記為V、p、T時，
$$\frac{pV}{T} = 定值$$

（例題1）假設有1大氣壓、27°C的1l氣體。此氣體變為127°C、2大氣壓時，請問體積V會變為多少。

[解] 利用上述波查定律的公式。27°C、127°C換算成絕對溫度依序是300K（＝27＋273）、400K（＝127＋273），故

$$\frac{1\times1}{300}=\frac{2\times V}{400} \quad \text{然後，} \quad V=\frac{1\times1}{300}\times\frac{400}{2}=\frac{2}{3}l\text{（答）}$$

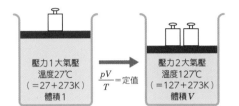

變化前後 $\frac{pV}{T}$ 皆為定值。這就是波查定律。

🖐 挑戰題

〔問題〕假設有1大氣壓、27℃的1l氣體。將此氣體運至富士山頂（假設為0℃、0.65大氣壓），請問此時氣體的體積為多少？

[解] 利用上述波查定律的公式，27℃、0℃換算成絕對溫度依序是300K（＝27＋273）、273K，故

$$\frac{1\times1}{300}=\frac{0.65\times V}{273} \quad \text{然後，} \quad V=\frac{273}{300\times0.65}=1.4\,l\text{（答）}$$

🖊 附註

道耳吞分壓定律

「混合氣體的總體壓力（全壓），等於同溫度、同體積的各成分氣體的壓力（分壓）之總和」。

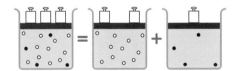

道耳吞分壓定律
全壓等於分壓的總和。

舉例來說，在相同溫度下，0.3大氣壓的1公升氮氣，與0.5大氣壓的1公升氧氣混合灌入1公升的容器內時，該混合氣體的壓力，就等於0.3＋0.5＝0.8大氣壓。

§44

理想氣體狀態方程式

—— 作為近代分子運動論出發點的基礎方程式

　　微小物質的狀態是由壓力、體積、溫度決定的。這些性質並非各自獨立，而是存在著某種數學關係，也就是**狀態方程式**。本節，我們要探討的則是狀態方程式的基礎——「理想氣體狀態方程式」。

氣體的狀態方程式

　　讓我們試著對 n 莫耳的氣體套用波查定律的公式（§43）。0℃、1大氣壓的 n 莫耳氣體，體積為 $22.4n$ 公升（§41），根據波查定律，

$$\frac{pV}{T} = \frac{1 \times 22.4n}{273} = 0.0821n$$

於是可得出以下公式。

$pV = nRT$　　（$R = 0.0821$）… （1）

　　在此處，n 是氣體的莫耳數，R 為以大氣壓為壓力單位，以公升為體積單位時測得的值。這個常數 R 就叫**氣體常數**。

　　滿足此公式的氣體稱為**理想氣體**。而方程式（1）就叫**理想氣體狀態方程式**。

> （例題1）假設有1大氣壓、27℃的 $1l$ 氣體。請問此氣體存在幾莫耳的分子？

　[解] 設 n 為所求的莫耳數。代入狀態方程式後，
　　　$1 \times 1 = n \times 0.0821 \times (273 + 27)$　　所以，$n = 0.04$ 莫耳。（答）

理想氣體狀態方程式的推導

　　為了理解理想氣體狀態方程式（1）在分子層級的意義，接著讓我們一起來推導看看這個方程式吧。

　　首先，假設在溫度 T 的環境下，有1個運動中的分子。此分子從外部獲得熱能，在容器內到處飛來飛去。

　　此時，在被稱為「熱力學」的領域中，可得到以下的結果。

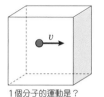

1個分子的運動是？

1個分子朝單一方向運動的平均動能與 T 成正比。

　　這個關係稱為「能量均分定理」。這裡的 T 是絕對溫度。根據此關係，假定朝某方向移動的分子的平均速度為 v，則代入動能的公式（§16），可得出以下關係式。

　　朝某方向運動的動能 $\frac{1}{2}mv^2 \propto T$ 　（m 是分子的質量）…（2）

　　現在，我們把這個分子如下圖般關在長、寬、高皆為1公尺的箱子裡，然後調查分子撞擊右側牆面的情形。

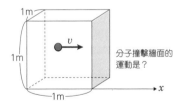

分子撞擊牆面的運動是？

1個分子
在絕對溫度 T 下，將1個分子放進長、寬、高皆為1 m的箱子。若只考慮沿 x 軸方向的運動，則分子撞擊與 x 軸垂直的右壁的作用力即是壓力。v 是分子沿 x 軸方向前進的平均速度。

　　根據日常生活的經驗，傳接球的時候，球速愈快時我們的手感覺到的力量愈大。因此，雖然有點不嚴謹，但我們可以用同樣的道理理解以下結論。

分子撞擊牆面的作用力與分子速度成正比。

假設分子對牆壁的作用力為 F，則沿 x 軸方向前進，平均速度為 v 的分子，對牆面的作用力關係如下。

　　　　$F \propto v$ … (3)

　　然後，再來考慮1秒間分子撞上右牆的次數。因為分子速度愈快，撞上的頻率就愈高，所以撞擊的次數也跟平均速度 v 成正比。

　　　　撞擊次數 $\propto v$ … (4)

　　根據(3)和(4)，1個分子1秒鐘內對右牆施加的作用力的總和即是

　　　　1個分子1秒鐘內對右牆的作用力的總和 $\propto v^2$ … (5)

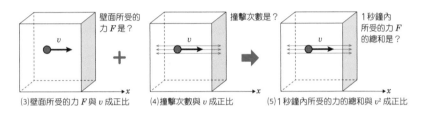

(3)壁面所受的力 F 與 v 成正比　(4)撞擊次數與 v 成正比　(5)1秒鐘內所受的力的總和與 v^2 成正比

將這個關係式與(2)結合，就能得到以下關係式。

　　　　1個分子1秒鐘內對牆面的作用力的總和 $\propto T$ … (6)

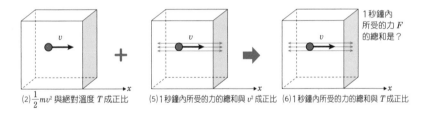

(2)$\frac{1}{2}mv^2$ 與絕對溫度 T 成正比　(5)1秒鐘內所受的力的總和與 v^2 成正比　(6)1秒鐘內所受的力的總和與 T 成正比

　　接著，再讓我們把 N_1 個分子放進箱子。此時，箱子壁面所受的力的總和，也就是壓力 p 可表示如下。

　　　　壓力 $p \propto$ 全分子1秒鐘內對箱壁的作用力總和 $\propto N_1 T$ … (7)

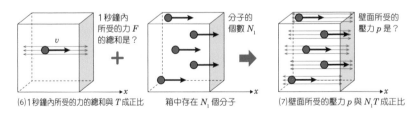

(6)1秒鐘內所受的力的總和與 T 成正比　箱中存在 N_1 個分子　(7)壁面所受的壓力 p 與 $N_1 T$ 成正比

再來思考（7）當箱子的長、寬、高皆為1公尺時，在箱內放入個數 N_1 的分子的情況。簡單來說，在體積 V 的容器內放入個數 N 的分子時，因為 $N=N_1 V$，所以根據公式（7）

$$壓力 p \propto \frac{N}{V} T　也就是說, pV \propto NT$$

分子數 N 與莫耳數成正比，所以假設莫耳數為 n，比例常數為 R 的話，便可表示成以下關係。

$$pV=nRT \cdots (1)（同前）$$

於是我們就得到理想氣體狀態方程式，也就是符合波查定律的氣體方程式了。

從方程式推導過程得知的事

從推導理想氣體狀態方程式（1）的過程，可以理解理想氣體的條件。將1個分子的運動（6）單純加總後得到的結果就是（7）。因此，**所謂的理想氣體，就是完全不必考慮分子對彼此影響的氣體**。

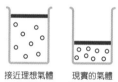

接近理想氣體　現實的氣體
的狀態　　　　（具相互作用）

從這個條件可以知道，「愈稀薄高溫的氣體」愈符合理想氣體狀態方程式。因為在愈稀薄高溫的狀態，分子的運動愈自由，也愈「可以無視分子的相互作用」。

所謂的理想氣體，就是分子之間不會互相干涉，由孤獨分子群集而成的氣體。

挑戰題

〔問題〕請用國際單位求出氣體常數 R 的值。在國際單位中，體積單位是 m^3，壓力單位是1大氣壓 $1.013 \times 10^5 N/m^2$（N是力的單位，牛頓（§16））。

[解]　根據公式（1），將1莫耳22.4 l =22.4 $\times 10^{-3} m^3$、1atm= $1.013 \times 10^5 N/m^2$ 代入，

$$R = \frac{1.013 \times 10^5 \times 22.4 \times 10^{-3}}{273} = 8.31 　（答）$$

亨利定律

—— 製作碳酸飲料的基本定律

　　魚類能在水中呼吸，因為魚類可用鰓吸收溶於水中的氧。打開碳酸飲料的瓶蓋時，之所以常常突然噴出氣泡，也是因為水中溶有碳酸氣體（二氧化碳）的緣故。由上述例子可知，氣體具有可溶於液體的性質。而亨利定律正是這個關係的量化描述。

氣體的溶解度

　　在開始介紹亨利定律前，要先提一下「氣體的溶解度」。氣體溶解度的概念不容易理解，是因為這個值會隨環境的溫度和壓力變化而改變。此外，溶解度的表示方式也不只一種，很容易造成混淆。目前大多數的文獻是把1ml液體中的氣體換算成20℃、1大氣壓狀態下的值來表示，但實際引用資料時一定要先確認該文獻使用的方法。

　　下圖為溶於1ml中的3種氣體，在各溫度下的溶解量（換算成20℃、1大氣壓的狀態）。由圖可見，一般來說溫度愈高，則溶解度愈小。

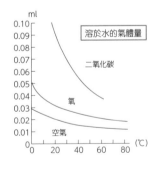

溶解度會隨溫度上升而下降
溶於水的氣體量。縱軸為將溶於水中的氣體算成20℃、1大氣壓狀態時的值。

　　而下面要討論的亨利定律，則是以固定溫度為前提。

亨利定律

溫度固定時，氣體的壓力愈高，則愈容易溶於液體。而亨利定律便是這個原則的量化表現。1803年，威廉·亨利（1775～1836）發現了這個定律。

溶於定量液體中的氣體質量，與該氣體的壓力成正比。

如果套用前面提過的「氣體的溶解度」一詞，那麼上面的敘述還可以寫得更簡潔。

氣體的溶解度與壓力成正比。

只要觀察下面的圖，就能明白亨利定律為什麼有效。如同下圖的實驗，對於氨這種容易起化學反應溶於水中的氣體，亨利定律的準確度就會變差。

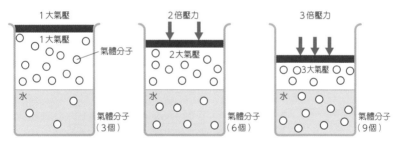

亨利定律的微觀解釋
氣體可看成一群熱運動中的粒子。而氣壓愈高時，這些粒子鑽進液體的頻率就愈高，溶解量便增加。

打開碳酸飲料的瓶蓋時，碳酸氣體（二氧化碳）之所以會一下子噴出的原因，就能用亨利定律解釋。碳酸飲料的容器內，以2～3大氣壓的壓力封入了碳酸氣體。根據亨利定律，封在瓶內的碳酸氣體的量，是正常地表環境的數倍之多。打開瓶蓋後，因為氣壓變回了1大氣壓，所以被封在瓶內、額外的碳酸氣體才會一口氣跑出來。

啤酒的氣泡也是源自亨利定律
啤酒罐內同樣封入了2～3大氣壓的碳酸氣體。一旦開封恢復到正常壓力，原本被加壓溶入啤酒的碳酸氣體就會釋出，變成泡沫。在高山上打開啤酒時更容易冒泡，也是因為這原理。

亨利定律的其他表示法

　　將前述的亨利定律的表述方式跟波以耳定律「氣體的體積與壓力成反比」結合後，便可將亨利定律改寫成以下形式。

> **溶於定量液體中的氣體體積固定不變，與壓力無關。**

　　因為當壓力變成2倍時，溶於液體中的氣體質量雖然也變成2倍，但體積卻跟著減少了一半。所以外觀上，體積不會改變。

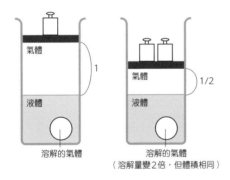

溶解的氣體體積與壓力無關
壓力變成2倍時，溶解的氣體也會變2倍，換算成體積後也是2倍。然而，根據波以耳定律，壓力變成2倍時，氣體體積會變成原來的一半。因此溶解的氣體體積不變。

　　一如上圖所示，亨利定律有很多種的表述方式。這也是學習時容易混亂的原因之一。

混合氣體的亨利定律

地表上的空氣，是由每單位體積1比4的氧和氮構成的混合氣體。而有時候，我們會想知道將地表空氣溶於水時，究竟會有多少的氧溶於水中。此時下面的定律就會派上用場。

溶於定量液體中的氣體質量，與該氣體的分壓成正比。

其實就只是把方才亨利定律中的「壓力」一詞改成「**分壓**」而已。

混合氣體中某成分氣體的「分壓」，就是指整體壓力中來自該成分氣體的壓力（§43）。例如地表的空氣中，氧的分壓約為1/5大氣壓。因此，氧溶於水中的量，只要用1/5大氣壓下的溶解度去計算即可。

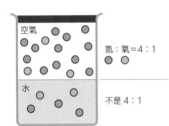

空氣

氮：氧＝4：1

水

不是 4：1

亨利定律對分壓也有效

1大氣壓下，想知道空氣溶於水時，水中有多少的氧，只要用氧的分壓為1/5大氣壓去求即可。需要留意的是，溶於水中的氣體量會因氣體種類而異。以空氣來說，雖然氮與氧的比例是4：1，但溶於水中的氮和氧的比例並不是4：1（因為氧的氣體溶解度約是氮的2倍）。

✍ 挑戰題

〔問題〕請問溶於1ml水中的空氣（由體積比1：4的氧與氮組成的混合氣體）中的氧，在1大氣壓、25℃下的體積是多少ml？已知在25℃時，1ml的水約可溶解0.03ml的氧。

〔解〕 根據上述的「混合氣體的亨利定律」可知，

$$0.03 \times \frac{1}{5} = 0.006 \text{ml}（答）$$

§46

凡特何夫的滲透定律

—— 泡澡泡太久時,手指皮膚會皺皺的原因

　　泡澡泡太久時手指會變得皺巴巴的,這是因為皮膚吸收了泡澡水而膨脹的緣故。接下來要介紹的「滲透定律」,就很適合用來解釋這種膨脹的現象。

什麼是半透膜

　　所謂的半透膜,是一種只能讓一定大小以下的分子通過的膜。動物和植物的細胞膜都有半透膜的性質。舉例像是只能讓水分子通過,而鹽分無法通過的性質。

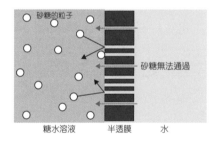

半透膜
生物的細胞膜即是利用其半透膜的性質來調整體內物質的濃度。此外,我們周遭常見的玻璃紙,也具有半透膜的特性。

　　如本圖所示,半透膜上開有許多小孔,藉此篩選可通過半透膜的分子。像水這類作為溶劑的分子可以自由通過半透膜,但作為溶質的大型分子和大型離子就無法通過。

什麼是滲透壓

　　下面讓我們以水溶液為例。所謂的滲透壓,就是使水從低濃度往高濃度移動的壓力。下頁的圖中,我們用一片半透膜將高濃度的蔗糖水溶液和純水分隔開來。此時,水會通過半透膜往蔗糖水移動。使水出現這種移動

的壓力就叫滲透壓。

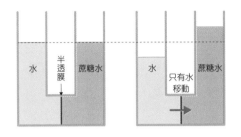

滲透壓
以水溶液來說，滲透壓就是使水從濃度低的地方往濃度高的地方移動的壓力。順帶一提，蔗糖就是砂糖的主要成分。

滲透壓產生的原理

接著來看看滲透壓的原理。如上圖所示，設想一個左邊是純水，右邊是蔗糖水，中間用半透膜隔開的容器。

半透膜兩側的水分子和蔗糖分子，會因為熱運動而試圖穿過半透膜（這種現象就叫擴散）。然而，體積較大的蔗糖分子無法通過膜上的小孔。結果，使右側的水分子失去往左移動的機會。相對的，左側的水分子可以輕易往右移動，右邊的水分子卻難以往左移動。這個差異就是滲透壓的原因。

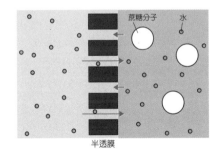

半透膜

滲透壓源自擴散的差異
半透膜左右的分子，擴散的速度是相同的。然而，蔗糖分子因為體積較大，無法從右邊移動到左邊，因此右邊的水分子也失去了往左移動的機會。這個機會的不均等就是滲透壓的成因。

凡特何夫的滲透定律

有個定律可以計算滲透壓的大小。現在，假設有個溶解了 n 莫耳溶質的稀薄水溶液，溶液體積為 V 公升。同時，假設溫度為絕對溫度 T。若該溶液的溶質不是電解質，此時在半透膜另一邊倒入純水時滲透壓為 P（大氣壓），則滿足以下關係式。

$$PV=nRT \quad （R為常數約0.0821）$$

這個關係式就叫**凡特何夫滲透定律**。

（注）所謂的電解質，就是像鹽這種溶解於水時可以分解成離子的物質。

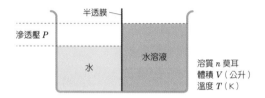

凡特何夫滲透定律
此處所說的滲透壓 P 即是另一邊倒入純水時的壓力。

這個方程式與理想氣體狀態方程式是一致的。這跟該方程式以稀薄溶液為模型有關。請看下圖。左圖為溶質浮在水溶液中的狀態，接著讓我們把圖中的水拿掉（右圖）。結果這張圖變得跟理想氣體的狀態一模一樣。

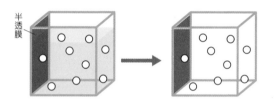

將水溶液的水拿掉的話，就跟理想氣體的狀態一樣。

理想氣體的壓力與氣體分子撞擊壁面的頻率成正比，而滲透壓也跟溶質撞擊壁面的頻率成正比，所以兩者可以視為相同的方程式。

（例題）氣溫37℃時，將5.24g的葡萄糖（分子量180）溶於水中，配製成100ml 的水溶液，試求該溶液的滲透壓。

（注）**分子量**就是1莫耳該分子的質量。

[解] 依照前面的公式，代入下面的數值。

$V=100\text{m}l=0.1l$

$n=5.24/180=0.029$莫耳

$T=273+37=310$K（絕對溫度）

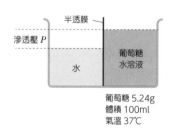

葡萄糖 5.24g
體積 100ml
氣溫 37℃

將其帶入$PV=nRT$的公式，

$P=nRT/V$

$=0.029 \times 0.0821 \times 310/0.1 = 7.4$（大氣壓）（≒7500百帕）（答）

電解質與水合

電解質（例如鹽）也會產生滲透壓。分解（即電離）後溶質的莫耳數愈多，滲透壓也就愈大。

然而，以鹽為例，鹽是鈉跟氯的離子結合而成的產物，但2種離子的大小跟水分子差不多，那為什麼還會產生滲透壓呢？其理由跟水分子的特性有關。水分子具有吸附帶電物質的性質（稱為水合）。因此，離子會因水分子的吸附而膨脹，無法通過半透膜的孔隙。

水分子　　　氯離子

O（氧）
H（氫）
Cl⁻

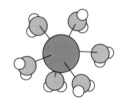

Cl⁻附近的水分子分布

👆 挑戰題

〔問題〕請試著思考在蛞蝓身上撒鹽，蛞蝓會縮小的原因。

［解］ 鹽會附著在蛞蝓的表面形成濃鹽水，與細胞膜下的體液之間產生滲透壓，而使蛞蝓體內的水分移動至體外的鹽水。（答）

§47

質量作用定律
—— 討論化學平衡時的基礎定律

　　讓我們做一個實驗，在一杯水中倒入大量蔗糖（砂糖的主成分）。經過充分攪拌後，仍會有一部分的蔗糖沉澱在底部，即使繼續放置也不會有什麼改變。這種從外部看來穩定不變的狀態，就稱為**化學平衡狀態**，或簡稱**平衡狀態**。雖然乍看之下是個無聊又普通的現象，但在微觀角度下其實藏著很有趣的祕密。

從微觀角度觀察化學平衡

　　讓我們用超級顯微鏡來觀察這個平衡狀態。如此一來，就會發現沉澱在杯底的蔗糖分子並不是乖乖地靜止不動，而是不斷從大氣接收熱能，不停地旋轉跳動。固體狀態的蔗糖分子會不斷溶於水，而已經溶於水的蔗糖分子則會不斷變回固體。所謂的平衡狀態，其實是這樣的狀態。

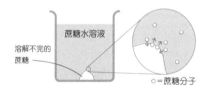

平衡狀態
溶解不完的蔗糖其實是不停地更替。
這種狀態就是平衡狀態。

○＝蔗糖分子

　　而平衡狀態的符號則是用 ⇄ 來表示。

　　蔗糖（固體）⇄ 蔗糖（溶解）

　　另一個身邊常見的平衡狀態，就是電池內部的狀態。很多人以為電池只要沒有通電，內部就沒有任何化學反應。然而，實際上並非如此。在靠近電極的地方，分子其實不斷地在進行交換。

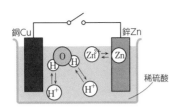

銅Cu　鋅Zn

稀硫酸

伏打電池的內部
以伏打電池為例。肉眼乍看之下好像毫無變化，但其實電極附近的鋅不斷地變成離子，溶液中的鋅離子也不斷地回到鋅電極上。另外，在水溶液中，水分子也不停地重複著放出氫離子和與其逆向的反應。

化學平衡與反應速度

由此可見，即使外表看來沒有任何變化，內部的分子其實非常熱鬧。而這裡就要用到反應速度的概念。首先讓我們來看看下面的平衡狀態關係式。

$$A \rightleftarrows B$$

這個反應為平衡狀態，代表物質由A變成B的反應速度，跟由B變成A的反應速度相等。既然左右的變化速度相等，外觀看來當然沒有任何改變。

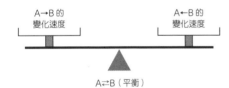

A→B的
變化速度

A←B的
變化速度

A⇄B（平衡）

平衡狀態與反應速度
平衡狀態A⇄B的意思是，A→B和A←B的2個反應的速度相同。

平衡狀態A $\rightleftarrows$ B中，由左往右的變化稱為正反應，而由右向左的變化稱為逆反應。運用這幾個名詞，平衡狀態可以表述如下。

所謂的平衡狀態，即是正反應跟逆反應的反應速度相同的狀態。

這就是現代科學對平衡狀態的解釋。

反應速度的時間變化

接著來追蹤看看平衡狀態A $\rightleftarrows$ B在各時間點的狀態吧。此狀態可以下一頁的圖來表現。

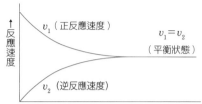

反應速度隨時間變化的情形
達到平衡狀態時，反應A⇄B中的右向反應（正反應）速度起初雖然很快，但最後會降至與逆反應相等。

繼續以前述的蔗糖水溶液為例。最初，蔗糖以極快的速度溶解（正反應），然後隨著濃度漸漸變高，與水分子的接觸減少，溶解速度愈來愈慢。濃度變高後，蔗糖分子之間互相碰撞，變回固態（逆反應）的速度逐漸增加。於是正反應的速度愈來愈慢，逆反應的速度慢慢加快，最終兩者完全相等，變成外觀看上去不再反應的狀態（平衡狀態）。

質量作用定律

化學反應在平衡狀態時，會依循下述這個非常重要的定律。

> 假設有一化學反應，且此反應達成平衡狀態。
>
> $$aA + bB \rightleftarrows cC + dD$$
>
> 此時，該反應具有以下關係。
>
> $$\frac{[C]^c[D]^d}{[A]^a[B]^b} = K \quad (K為平衡常數)$$

這個定律稱為**質量作用定律**（或化學平衡定律）。[A]、[B]、[C]、[D]分別為物質A、B、C、D的**莫耳濃度**。代表1公升的物質所含的莫耳數。

（注）「質量作用定律」的英文為law of mass action。也有人認為mass不應翻譯成質量，但此處暫時沿用以前的稱呼。

重要的部分在於，平衡常數K只跟溫度有關。因此，只要溫度不變，無論何種情況都能利用這條公式。

（例1）氮（N_2）和氫（H_2）反應可生成氨（NH_3）。而該化學反應可以下述化學式保持平衡狀態。

$$N_2 + 3H_2 \rightleftarrows 2NH_3$$

所以，當溫度固定時，以下關係式成立。

$$\frac{[NH_3]^2}{[N_2][H_2]^3} = K \text{（定值）}$$

氮(N_2)
氫(H_2)
氨(NH_3)

平衡狀態時，$\dfrac{[NH_3]^2}{[N_2][H_2]^3}$ 為定值

🤚 挑戰題

〔問題〕醋酸（CH_3COOH）和乙醇（C_2H_5OH，也就是酒精）可以合成乙酸乙酯（$CH_3COOC_2H_5$）。這種化合物是有名的黏著劑成分。其化學反應如下。

$$CH_3COOH + C_2H_5OH \rightleftarrows CH_3COOC_2H_5 + H_2O$$

這個實驗中，反應的平衡常數已知為4.0。請問2.0莫耳的醋酸跟3.0莫耳的乙醇混合達成平衡狀態時，乙酸乙酯的莫耳數是多少？

〔解〕　根據質量作用定律，$\dfrac{[CH_3COOC_2H_5][H_2O]}{[CH_3COOH][C_2H_5OH]} = 4.0$

假定生成的乙酸乙酯為x莫耳，容器的體積為V，則

$$[CH_3COOH] = \frac{2.0-x}{V} \quad , [C_2H_5OH] = \frac{3.0-x}{V}$$

$$[CH_3COOC_2H_5] = \frac{x}{V} \quad , [H_2O] = \frac{x}{V}$$

代入上面的質量作用公式，$\dfrac{x/V \cdot x/V}{(2.0-x)/V \cdot (3.0-x)/V} = 4.0$
整理後便是$3x^2 - 20x + 24 = 0$
用$0 < x < 2.0$的條件去解，得到$x ≒ 1.6$莫耳（答）

拉午耳定律與沸點上升

—— 清楚展示分子擴散機制的定律

　　煮飯的時候，如果在沸騰的湯裡加入鹽或砂糖，湯會暫時停止沸騰。這個現象就是因為拉午耳定律。

氣液平衡與蒸氣壓

　　在開始介紹拉午耳定律之前，先來認識一下氣液平衡的現象吧。這個名詞聽起來好像很難懂，但其實只是描述密閉容器中的液體放置不管時的狀態而已。

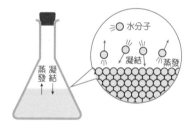

氣液平衡
氣體和液體同處一空間且化學平衡的狀態。例如圖中置於密封燒瓶裡的水。

　　從外表看來，液體沒有任何變化。然而，從原子和分子的層級來看，其實非常熱鬧。氣體的部分（氣相）和液體的部分（液相）交界處的分子一直在互相交換。換言之，氣相和液相處於平衡狀態（§47）。液體變成氣體的速度，跟氣體變成液體的速度相同，所以巨觀的世界看起來就像是靜止的。這就是「氣液平衡」。

　　氣相的分子會做熱運動而不停移動，理所當然地就會產生壓力。這就叫飽和蒸氣壓（簡稱蒸氣壓）。飽和蒸氣壓會隨溫度變化。而飽和蒸氣壓曲線（簡稱蒸氣壓曲線）就是用來表示這種變化（右頁上圖）。

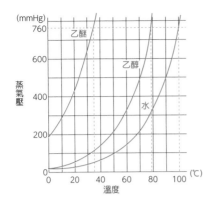

蒸氣壓曲線
氣液平衡時，氣相的氣體壓力。蒸氣壓超過1大氣壓時，就會壓過外界環境的1大氣壓，而開始沸騰。也就是圖中的虛線部分。

蒸氣壓下降

　　接著讓我們來看看具體的例子，幫助大家理解。現在，假設在氣液平衡狀態的水中加入少許蔗糖（砂糖主成分）。此時，水的蒸氣壓（水蒸氣壓）會下降。這個現象稱為蒸氣壓下降。

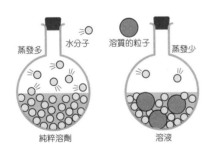

具體例子
假設以水為溶劑，蔗糖為溶質。蔗糖的存在會使水分子擴散到氣相的機率下降，使蒸氣壓降低。這就是蒸氣壓下降的原理。

　　讓我們用蒸氣壓曲線來看看這個現象。在水中加入少許蔗糖後，蒸氣壓曲線便往右移動。

　　將以上敘述中的水替換成溶劑，蔗糖替換成溶質，就能簡單說明此種現象。

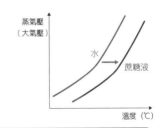

拉午耳定律

　　為了能更具體地理解，下面繼續用水和蔗糖當例子。當蔗糖的量不多

時，溶液會依循以下定律。

水溶液的蒸氣壓下降，等於溶液中蔗糖的莫耳分率和水蒸氣壓的乘積。

這就叫拉午耳定律。

（注）拉午耳是法國的化學家（1830～1901）。

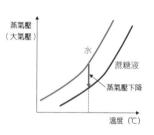

只要是稀薄溶液的話，絕大多數的水溶液都適用這個定律。只要將這句話中的水換成溶劑，蔗糖換成溶質，就是該定律較普遍的敘述。

（例題）1大氣壓、100℃下，在1kg的水內加入1g蔗糖（分子量342）時，請問水的蒸氣壓會下降多少？

[解] 1g蔗糖等於1/342＝0.0029莫耳。1kg的水的莫耳數為1000/18＝55.6莫耳。由於1大氣壓、100℃時的蒸氣壓為1（大氣壓），故下降的蒸氣壓值（蒸氣壓下降）為

$$1（大氣壓）\times 0.0029/(55.6+0.0029)=0.000052（大氣壓）（答）$$

本節最開始提到的「在沸騰的湯裡加入砂糖時，湯會暫停沸騰」的例子，其原因也是如此。不過，就像上面的例題，1g程度的溶質產生的效果非常微小。

沸點的複習與沸點上升

在（例題）中，我們使用了拉午耳定律，計算了加入蔗糖後，1大氣壓環境下的水的蒸氣壓下降了多少。然而，水的蒸氣壓雖然因為加入了溶質而降低，從沸點的角度來看卻是上升的（右圖）。這個現象稱為沸點上升。至於上升的幅度就如下面所示。

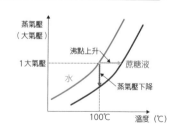

溶液的沸點上升的溫度與質量莫耳濃度成正比。

由此得到的沸點上升的溫度稱為沸點上升度。
(注) 質量莫耳濃度即是1kg溶劑中的溶質莫耳數。

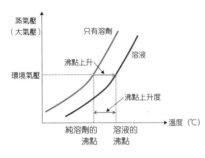

沸點上升與沸點上升度
由溶劑與溶質的分子數比值決定上升度
這點，跟拉午耳定律的原理相同。

挑戰題

〔問題〕1大氣壓下，在1kg的水中加入0.01莫耳非揮發性且非電解質的物質後，水溶液的沸點變成100.05℃。請問在1kg水中加入0.02莫耳該物質後，水溶液的沸點為幾℃？

[解] 0.01莫耳的該物質的沸點上升度為0.05。沸點上升度與溶質的莫耳數成正比，故溶解0.02莫耳時，沸點上升度為2倍的0.10。所以，沸點是100＋0.10＝100.10℃（答）

附註

凝固點降低

在水中混入雜質後沸點會上升。同樣地，在水中加入雜質也會使凝固點下降。這就叫凝固點降低。例如冬天時，許多國家會在路面撒融雪劑，防止路面結冰。而融雪劑的成分是鹽跟氯化鈣，也可達到降低水的凝固點的效果。

§49

熱力學第一定律

—— 變化前後的總能量不變

在§19，我們探究了力學能的能量守恆定律，但具有能量守恆性質的，並非只有力學能。熱能，包括內能在內，也是守恆的。

熱能

蒸氣火車是靠燃燒木炭生熱將水煮滾，再用水蒸氣的力量拉動火車前進的。換言之，熱也會作功（§7、§19）。從這層意義來看，熱也是一種能量。

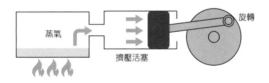

旋轉

蒸汽機的原理
熱也會作功，換言之可以變成能量，而這種能量就叫熱能。

熱是能量的一種形態，而說到其他能量轉換成熱的現象，只要在冬天摩擦雙手就能親身體驗。「摩擦雙手」的時候，動能會轉換成熱能。

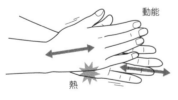

動能

功變成了熱！

熱

內能

嚴密的理論可以用下頁的模型來理解。這種將熱能變成功的機械就是俗稱的熱機的一種。

在一個熱無法通過的圓筒內注入理想氣體，然後用一個熱無法通過的

活塞封住，使空氣不會漏出，且活塞可
以在圓筒內毫無摩擦地自由來回移動。

接著，將活塞固定，然後加熱圓筒
內的空氣。

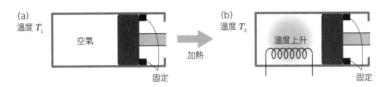

(a)
溫度 T_1

空氣

固定

加熱

(b)
溫度 T_2

溫度上升

固定

　　外表看上去沒有發生任何變化。只是裡面的空氣變暖了而已。從力學
角度來看，能量似乎並不守恆。此時內能就登場了。也就是把增加的熱能
看成被儲存在空氣中。如此一來，能量就守恆了。

內能也是真正的能量

　　為了證明內能也是一種「真正的能量」，讓我們繼續上面的狀態
（b），一邊用手按著活塞，一邊拿掉活塞的固定器。此時你的手上應該
就會感覺到作用力（狀態（c））。接著繼續按著活塞，一邊感覺手上的力
量，一邊慢慢放鬆讓活塞自由活動。如此一來，活塞將會向右移動到某個
點（狀態（d））。這是因為活塞對手作功的緣故。如此，相信大家都能理
解內能也具有作功的能力了。

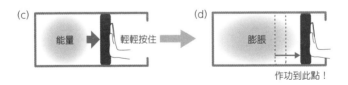

(c)

能量 　輕輕按住

(d)

膨脹

作功到此點！

　　能量的定義就是作功的能力（§19）。所以「內能」也有被稱為「能
量」的資格。

熱力學第一定律

　　通過各種實驗，科學家們確定了內能 U 的增加值等於來自外部的功

W，以及外部施加的熱 Q 的和。在力學能守恆定律（§19）之外，確立了包含熱能在內的能量守恆定律，這就叫**熱力學第一定律**。數學關係式可表述如下。

內能 U 的增加＝外部的功 W ＋外部的熱 Q

能量的概念是人類最大的發現之一。通過能量的概念，人類才找到了統一解釋運動、熱、電磁等各種變化形態的方法。

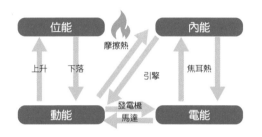

通過能量的概念，我們才能統一地理解自然現象的變化。

內能的真面目

那麼在這個圓筒實驗中，內能的真實身分到底是什麼呢？

前面已經介紹過很多次，所謂的氣體，就是原子或分子可以自由移動的狀態。因為可以自由移動，所以氣體不像液體和固體那樣具有形狀，但為什麼氣體會到處亂跑呢？這是因為氣體分子具有**動能**。而這個動能，就是理想氣體的內能的真面目。從外部得到熱量後，氣體整體的動能增加，原子和分子到處亂跑的速度變快（前圖的狀態（b））。而移動的速度愈快，原子或分子撞擊活塞的力量也愈強，使得壓力上升。而壓力會擠壓活塞，變成對外作功的能力（前圖的狀態（c））。

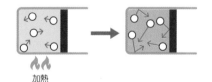

活塞內的氣體狀態
得到熱量後，原子和分子的運動會變活潑，溫度上升。

第一類永動機

　　從古老的時代開始，人類就夢想獲得無限的能源。因此，有些人想出了如下圖的概念。也就是利用毛細管現象將水抽至高處，再釋放出來轉動水車的機關。只要利用這個水車來發電，即使不從外部提供額外的能量和功，水車也能提供源源不絕的電力。這類熱機就叫**第一類永動機**。

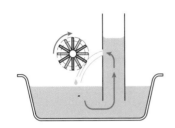

第一類永動機
利用毛細管現象永久轉動的水車。只要用這個水車來發電，就能得到無限的能量，解決能源問題，但……。

　　然而，因為熱力學第一定律（也就是能量守恆定律）的存在，此類裝置是不可能做得出來的。

✍ 挑戰題

　　〔問題〕在第219頁的圖（c）狀態下，拿掉活塞的隔熱性，使圓筒內的空氣和外部空氣同溫時，請問活塞最後會停在哪裡？

[解]　因為由外部給予的熱能全都跑到圓筒外了，所以活塞會再度回到（a）的狀態。（答）

熱力學第二定律

—— 熵只會愈來愈多的自然定律

包含熱能的能量守恆定律即是熱力學第一定律。然而，這項定律只描述了「孤立系統內的總體能量固定不變」，並沒有提到能量的轉換方向。

例如，在裝滿水的杯子裡滴入1滴墨水。放置一段時間後，這滴墨水會均勻地擴散出去。然而，如果只看熱力學第一定律，與此相反的現象，也就是均勻擴散的墨水凝聚成一滴的現象也是有可能存在的。

還有，像是在炎熱的夏日，把冰塊放在盤子上，冰塊會吸收周圍的熱量而融化；但反過來由融化的水向大氣釋放熱量，自行凝結成冰也完全不違背定律。

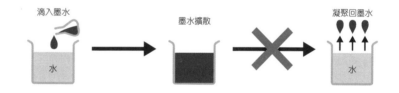

然而，我們在現實中卻看不到這樣的現象。這又該如何解釋呢？

可逆性與不可逆性

用攝影機拍攝一段影片，然後倒帶回放時，有時會給人一種奇怪的感覺。類似的道理，自然界中有些現象是不可倒帶的，這種變化叫做**不可逆反應**。相反地，就像時鐘的鐘擺，有些現象即使倒帶回放也不會讓人感到違和，這種變化就叫**可逆反應**。在微觀的世界，可逆反應只存在於理論模型中假設的理想狀態。上圖舉例的墨滴擴散現象就是典型的不可逆反應。

熱力學第二定律

與熱有關的反應大多是不可逆的。19世紀中期，科學界對於熱現象到底可不可逆，還沒有一個明確的答案。而就在此時，某些科學家們在熱力學第一定律之外，提出了另一個用來決定反應方向的定律，那就是**熱力學第二定律**。這個定律有很多種表現方式，下面介紹的是其中最容易理解的敘述。

> 熱在不產生任何影響的情況下從高溫物體移動到低溫物體的過程是不可逆的。

實際上，根據日常經驗，熱總是從溫度高的一方移向溫度低的一方。不可能出現相反的現象。如同前面的敘述，冰塊在炎熱夏日中只會融化，而不會發生相反的過程。

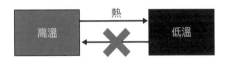

熱力學第二定律
在自然的情況下，熱不會從低溫處傳遞至高溫處。

第二類永動機為何不可能？

若熱力學第二定律不成立，也就是熱的移動是可逆的，對人類而言或許會是非常不得了的好消息。因為這樣就能造出永遠不會停止的永動機了。例如下圖的船就可以從海裡得到熱量，利用可逆反應分離高溫和低溫，用得到的高溫推動蒸汽機，使船前進。

海水得到熱能運轉蒸汽機，推進郵輪。這類熱機就叫**第二類永動機**。

而上述這種違反熱力學第二定律的熱機，就叫**第二類永動機**。

熵的發現

可逆反應中，將反應過程出入的熱量 Q 除以反應時的絕對溫度 T 的值

$$\frac{熱}{溫度} = \frac{Q}{T} \cdots (1)$$

全部相加。你會發現，非常神奇的，不論選擇哪條路徑，最後得到的值都是一樣的。

換言之，在可逆反應中，依反應路徑將 (1) 相加的量，只由反應前後的狀態（狀態量）決定。也就是跟位能一樣。

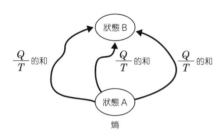

可逆反應中，反應過程中的 (1) 的和，只由狀態 A 和 B 決定。換言之，就跟能量一樣，(1) 的和也是某種狀態量。

1865年，德國科學家克勞修斯在論文中發表了這項發現。他將上述用 (1) 的和求得的狀態量稱為**熵**（entropy）。Entropy這個詞是用「energy」的en加上「變化」的希臘語tropy組合成的合成詞。

熵的增加定律

現在，假設擁有熵 S_A 的狀態 A，變化到擁有熵 S_B 的狀態 B 是一個不可逆反應。此時，在實際反應的過程中計算 (1)，可以證明該值比由 2 個狀態決定的熵的差 $S_B - S_A$ 更小。

實際反應中的 (1) 的計算值 $< S_B - S_A \cdots (2)$

假設一個不存在外部影響的孤立系統。此時，由於沒有熱 Q 的進出，故實際反應過程中的 (1) 為 0。此時，(2) 的左邊會變成 0，所以下述關係就能成立。

$$S_A < S_B$$

換句話說，在孤立系統中且反應不可逆時，反應後的熵一定會增加。

這就是**熵增加定律**。

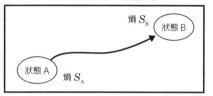

孤立系統中的不可逆反應

熵 S_B
狀態 B

狀態 A
熵 S_A

熵的增加定律
一孤立系由A至B的不可逆反應中，
反應後的熵只會增加。

　　而整個宇宙也可以當成一個孤立系統。所以，整個宇宙的熵只會增加
而不會減少。

　　接著用下面的例題，確認以上計算的意義吧。

👆 挑戰題

〔問題〕熱 Q 從高溫熱源1（溫度 T_H）移動到低溫熱源2（溫度 T_L）。請檢查這個現象中，整體的熵是否增加。

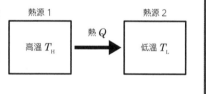

熱源 1
高溫 T_H

熱 Q

熱源 2
低溫 T_L

〔解〕　以可逆反應來討論，高溫熱源反應後減少的熵為 $\dfrac{Q}{T_H}$，低溫熱源增加的熵為 $\dfrac{Q}{T_L}$。然後將整體的熵相加。

$$\frac{Q}{T_L} - \frac{Q}{T_H} = Q\left(\frac{1}{T_L} - \frac{1}{T_H}\right) > 0$$

也就是說，熵是增加的。（答）

不可逆變化的微觀意義

　　日常生活中的現象幾乎都是不可逆的。我們可以用氧和氮的混合實驗
來探討其中的原因（下頁圖）。在2個密封的房間內分別灌滿氧氣和氮
氣，然後拿掉分隔房間的中牆，讓2種分子混在一起。

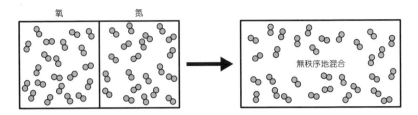

氧　　　　　氮

無秩序地混合

　　混合後的氧氣和氮氣，因為數量太過龐大，不可能恢復到原本分離的狀態。這就是不可逆反應的真面目。另外，熵則是用來表示這種「無秩序狀態」的量化指標。

　　實際上，上圖的變化方向的可取狀態是不斷增加的。由有序變為無序，可以解釋成可取狀態數愈來愈大。因此，以分子運動論的可取狀態數為W，熵S的微觀關係式已知可表述如下。

$$S = k\log W \quad （k為常數，對數為自然對數）$$

　　這就叫**波茲曼常數**。

📝 **附註**

熱力學第三定律

　　熱力學第三定律跟第一定律和第二定律相比比較抽象難懂，在此介紹2個等價的表述。

- 絕對零度下，熵等於零的定律。
- 以有限的操作，永遠無法創造出絕對零度的物質或系統的定律。

第5章

搞懂化學反應
就會愛上化學！

PHYSICS AND CHEMISTRY

LAW
PRINCIPLE
FORMULA

§51

元素週期律
—— 沒有這個就無法討論現代科學

　　將元素依照原子序排列，性質相似的元素會週期性地出現，這個規律就叫**元素週期律**。這個規律是俄國科學家門得列夫（1834～1907）於1869年發現的，所以用來表示這個週期性的表又叫**門得列夫週期表**（即元素週期表）。現代的科學若沒有這個元素週期表，就沒辦法討論，可見此規律的重要性。

　　有關元素發現的故事和元素週期律的歷史，真的要說的話可以寫出厚厚一本書。因此本節將略過歷史的經緯，直接從現代的觀點來介紹。

元素是element，原子是atom

　　「元素符號」和「原子序數」等描述元素和原子的用詞，常常被混為一談。然而，原子和元素的英文卻有明確的差別。元素是element，原子

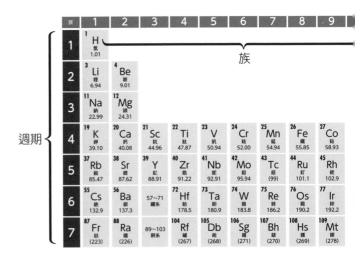

則是atom。

從英文的意義可以看出，「元素」的概念是化學上無法繼續切分的純粹物質，而元素的實體粒子就叫「原子」。例如鐵金屬是由「鐵」這種元素構成的，而鐵元素的構成實體則是「鐵原子」。

元素的「族與週期」

門得列夫的元素週期表的行（橫列）稱為週期。敘述方式是「第1週期是氦和氫」。

記住原子在週期表上的位置非常重要。因為，從原子在週期表上的位置，就能大致決定它們的化學性質。

然而，用橫的方向記憶週期表並不聰明。從週期表的排列特徵即可看出，重要的是縱列的週期。這個縱列的週期稱為族。而同族內的元素稱為同族元素。週期表上的同族元素，都具有相似的性質。其中最有名的就是第1族的鹼金屬、第2族的鹼土金屬、第17族的鹵素以及第18族的惰性氣體。

週期表的週期是如何決定的？

眾所周知，原子是由原子核和電子組成的。而原子核又是由質子和中

10	11	12	13	14	15	16	17	18
								2 He 氦 4.00
			5 B 硼 10.81	6 C 碳 12.01	7 N 氮 14.01	8 O 氧 16.00	9 F 氟 19.00	10 Ne 氖 20.18
			13 Al 鋁 26.98	14 Si 矽 28.09	15 P 磷 30.97	16 S 硫 32.07	17 Cl 氯 35.45	18 Ar 氬 39.95
28 Ni 鎳 58.69	29 Cu 銅 63.55	30 Zn 鋅 65.41	31 Ga 鎵 69.72	32 Ge 鍺 72.63	33 As 砷 74.92	34 Se 硒 78.96	35 Br 溴 79.90	36 Kr 氪 83.80
46 Pd 鈀 106.4	47 Ag 銀 107.9	48 Cd 鎘 112.4	49 In 銦 114.8	50 Sn 錫 118.7	51 Sb 銻 121.8	52 Te 碲 127.6	53 I 碘 126.9	54 Xe 氙 131.3
78 Pt 鉑 195.1	79 Au 金 197.0	80 Hg 汞 200.6	81 Tl 鉈 204.4	82 Pb 鉛 207.2	83 Bi 鉍 209.0	84 Po 釙 (210)	85 At 砈 (210)	86 Rn 氡 (222)
110 Ds 鐽 (281)	111 Rg 錀 (281)	112 Cn 鎶 (285)	113 Uut 鉨 (278)	114 Fl 鈇 (289)	115 Mc 鏌 (289)	116 Lv 鉝 (293)	117 Ts 鿬 (293)	118 Og 鿫 (294)

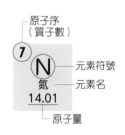

原子序
（質子數）

7

N —— 元素符號

氮 —— 元素名

14.01

原子量

子組成的。下圖即是有2個中子的氦原子模型。

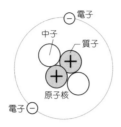

原子核（＋）的周圍，環繞著
高速運動的電子（－）。

　　原子中的電子排列，是種奇妙的殼層構造。所謂的原子序，就是原子
所帶的電子數，而電子的數量由內層到外層分別為2個（又稱K殼）、8個
（又稱L殼）、和最外層的18個（又稱M殼）。若一層殼上剛好裝滿該數
量的電子，那麼這個元素就是不會發生化學反應的穩定元素。

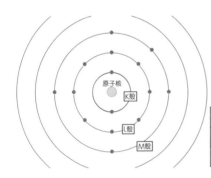

殼層模型與各殼層的最大電子數
原子的外圍包覆著一層電子的殼。而每
層殼可容納的電子數如下表可見，是有
限制的。

殼層序	1	2	3	4	5	6
殼層名	K殼	L殼	M殼	N殼	O殼	P殼
容納數	2	8	18	32	50	72

　　物質的化學性質是由原子序，也就是原子核周圍的電子數決定的。尤
其最外層的電子數對化學特性特別重要。這個最外層的電子稱為**價電子**。
價電子是化學結合的主角。沒有價電子，也就是最外層沒有電子的原子會
非常穩定。就像惰性氣體。

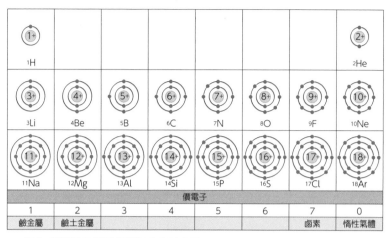

₁H							₂He
₃Li	₄Be	₅B	₆C	₇N	₈O	₉F	₁₀Ne
₁₁Na	₁₂Mg	₁₃Al	₁₄Si	₁₅P	₁₆S	₁₇Cl	₁₈Ar
價電子							
1	2	3	4	5	6	7	0
鹼金屬	鹼土金屬					鹵素	惰性氣體

（注）關於電子排列的詳細內容請參照§61、§62。

挑戰題

〔問題〕請用上述的殼層模型，解釋鈉Na容易變成離子的原因。

[解] 如下圖所示，Na原子通常擁有1個電子（價電子），若失去該電子的話，就會跟Ne原子構造相同，變得穩定。所以，鈉原子容易失去電子，變成離子。（答）

「被拿走了1個電子（－）」，所以變成帶「正電（＋）」（Na→Na⁺）。而此狀態的結構就跟氖（Ne）相同，非常穩定。

伏打序列

—— 現代所說的離子化傾向，電池理論的出發點

　　現代社會不能想像沒有電池的存在。電視機的遙控器，以及每天使用的智慧手機，都不能沒有電池。而現代電池的起點，就是「伏打電堆」或說「伏打電池」。

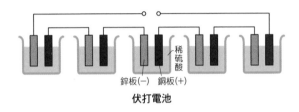

鋅板(−)　銅板(+)

伏打電池

　　這裡的伏打（1745～1827）是義大利科學家的名字。他在發明這種電堆時，同時發現了**伏打序列**（現代則稱金屬的**離子化傾向**）的存在。而這個伏打序列，正是現代最先進的鋰電池和燃料電池的基本原理。

從伏打序列到離子化傾向

　　支撐著現代文明的電池結構，基本上跟伏打發明的伏打電池大同小異。而在背後支撐著這個結構的原理就是**伏打序列**。所謂的伏打序列，就是亞歷山卓・伏打在1797年所發現的金屬序列。

> 鋅 (Zn)、鐵 (Fe)、錫 (Sn)、鉛 (Pb)、銅 (Cu)、銀 (Ag)、金 (Au)

　　這個順序乃是金屬放在通電水溶液（電解液）中時，「容易」變成正離子的順序（愈靠近左列愈容易帶正電）。這是伏打在改良電池時發現的經驗法則，現在的高中理化課中則補上了更多種類，並改用**離子化傾向**這個名詞。

K、Ca、Na、Mg、Al、Zn、Fe、Ni、Sn、Pb、(H)、Cu、Hg、
Ag、Pt、Au

在氫左側的金屬，代表特別容易被帶有氫離子（H^+）的酸液溶解。

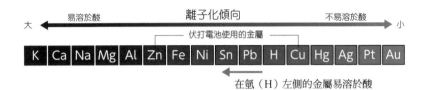

大　易溶於酸　　　　　離子化傾向　　　　不易溶於酸　小
伏打電池使用的金屬
K Ca Na Mg Al Zn Fe Ni Sn Pb H Cu Hg Ag Pt Au
在氫（H）左側的金屬易溶於酸

這個順序的記法有很多口訣，下面是其中之一。

「賈（K）蓋（Ca）鈉（Na）美（Mg）女（Al）嘆心（Zn）鐵（Fe）喜（Sn）錢（Pb）請（H）總（Cu）共（Hg）一（Ag）百（Pt）金（Au）」

為什麼金屬可以做成電池？

伏打電堆或伏打電池為什麼能產生電流呢？讓我們把伏打電池的其中1組抽出來仔細研究看看吧。這個組件是由泡在稀硫酸裡的銅板和鋅板組成的。讓我們一步一步地追蹤當中電子的移動吧。伏打序列會在步驟②出現。

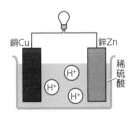

①將銅板和鋅板泡入稀硫酸。在此水溶液中，一開始水分子（H_2O）已多少被分解，使氫離子（H^+）漂浮在溶液裡。

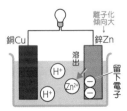

②離子化傾向比氫更大的鋅板表面會溶出陽離子，游離在溶液中。此時，原本的鋅板只剩下電子。

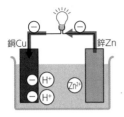

銅Cu　鋅Zn

③鋅板中的電子互斥，在導線連通後移動到另一邊的銅板。此時電流就產生了！這就是電池運作的原理。順帶一提，因為帶負電的電子從鋅板跑到銅板，所以電流的方向是從銅板流到鋅板。此時，銅板為陽極（＋極），鋅為陰極（－極）。

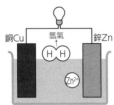

銅Cu　氫氣　鋅Zn

④受到銅板上的電子吸引，溶液中的氫離子H^+會聚集過來，並得到電子變成氫分子。如此，從鋅板上產生的電子就變成了氫氣，結束了旅程，然後再次回到步驟①。

「伏打電堆」「伏打電池」的歷史意義

　　伏打除了伏打電池外，還發明了俗稱伏打電堆的電池。這是在銅板和鋅板間夾一層泡了鹽水的濕布，然後將多個組合起來的電池。

　　伏打電堆、電池的發明，對電磁學的研究有非常重要的意義。因為這項發明第一次使人類獲得了穩定持續的電流。在這項發明誕生前，人類只能使用靜電來獲得電力。但儲存的靜電一瞬間就會流光。然而，換成電池的話，就能獲得長時間穩定流動的電流。就這樣，在伏打電池發明後，要進行電磁方面的實驗變得更加容易，因此催生了各式各樣的發現和發明。

伏打電池發現的契機

　　伏打電堆或電池在現代甚至連有些小學的自然實驗都會教到，但這項發現在電磁學史上卻有過一個著名的爭論。那就是義大利醫學家伽伐尼（1737～1798）主張的「生物電」和伏打之間的論戰。

　　1780年，伽伐尼用黃銅針碰觸掉在鐵柵下的死青蛙的腿時，發現青蛙的腿忽然抽搐了一下。相信當時就連伽伐尼本人都意識到，這會是個世紀的大發現吧。

　　伽伐尼根據過去研究生理學的經驗，將這個現象命名為「生物電」。因為他認為這個電流是由動物產生的。

　　然而，伏打不能接受這個結論，於是經過多次實驗後，想到可以用2

種金屬和可導電的液體組合來產生電流。於是，他在銀板和鋅板間夾一層用鹽水沾濕的濕紙，接上自己發明的檢流計（可測量有無電流通過的計測器），發現真的有電流通過。根據這結果，他否定了生物電的理論，提出了「可用2種金屬產生電流」的新電學理論。這是1794年時的事情。

　　伏打為了提高電壓，堆疊了多個用銀板和鋅板夾著鹽水濕紙的組件，製造出了更強的電流。這就是「**伏打電堆**」。

　　後來伏打為了更進一步提高電壓，又嘗試了不同的金屬和水溶液組合。並在研究的過程中發現了「**伏打序列**」。最後，他發現用銅和鋅以及稀硫酸可以產生最強的電流。而這也就是「**伏打電池**」。

🖐 挑戰題

〔問題〕請問下列2種金屬組合（1）、（2）中，何者做出的電池電流比較強？
　　　　（1）銅和鋅　　（2）銅和鐵

[解]　伏打序列中，相隔愈遠的金屬組合可以產生愈高的電壓，故答案是（1）。（答）

§53

法拉第電解定律

—— 電解即是電子的表演秀

在電子這種電學現象的實體尚未被發現之前，法拉第（§33）便已針對電解時流通的電量跟反應物質的質量關係，於1833年提出**法拉第電解定律**，簡稱**法拉第定律**的以下法則。

(I)陰極或陽極參與反應的物質質量，與流通的電量成正比。

(II)1莫耳離子的質量除以離子的價數所得的質量，電解其所需的電量為定值，與離子種類無關。

（注）1莫耳即是$6.0×10^{23}$個（§41）。另外，1莫耳離子的質量除以離子的價數所得的質量，稱為該離子的化學當量。

用電解理解法拉第定律

此處我們就用「水的電解」為例，用現代科學的角度依序解讀法拉第定律的意義吧。

水分子的化學符號為H_2O，也就是2個氫和1個氧結合而成的分子。對這個分子通電，使氫和氧分解的過程，就是「**水的電解**」。

水的電解
大多數的物質被高壓電流通過後就被分解。這就是電解。

首先，為了讓電流更容易通過，我們要在水裡面加入稀硫酸或氫氧化鈉。像是硫酸和氫氧化鈉這種溶於水後可以分解成離子的物質，就稱為電

解質（§46）。

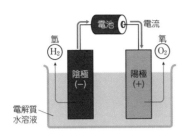

水的電解

反應式如下

水 → 氫 ＋ 氧

化學反應式表示成

$$2H_2O \rightarrow 2H_2 + O_2$$

此外，為了使電流容易通過，會在水裡面加入稀硫酸或氫氧化鈉。這類物質就叫電解質。

在水的電解實驗中對水溶液通電時，電子會從電池的負極朝正極移動。然後電子（e⁻）會在陰極（負極側的電極）與水（H_2O）反應，產生氫氣（H_2）。接著讓我們以電子為主角，將陰極發生的反應寫成化學式。

陰極：2個水分子（H_2O）＋2個電子（e⁻）

→ 1個氫（H_2）＋2個氫氧根（OH^-）…（1）

（注）OH^-稱為氫氧根。以前則叫**氫氧離子**。

而（1）的氫氧根（OH^-）會在電解質中朝陽極移動，在那裡失去電子（e⁻），經過下面的反應產生氧（O_2）。這次再以電子為主角，將陽極的反應寫成化學式。

陽極：2個氫氧根（OH^-）

→ 1個水分子（H_2O）＋半個氧（O_2）＋2個電子（e⁻）…（2）

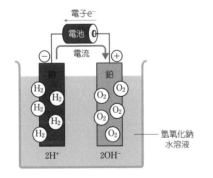

水的電解詳細過程

陰極的反應為

$$2H_2O + 2e^- \rightarrow H_2 + 2OH^-$$

陽極的反應為

$$2OH^- \rightarrow H_2O + \frac{1}{2}O_2 + 2e^-$$

整理後即是

$$H_2O \rightarrow H_2 + \frac{1}{2}O_2$$

將以上在陰極和陽極發生的一連串反應式加起來，就是「水的電解」的化學反應式。

$$H_2O \rightarrow H_2 + \frac{1}{2}O_2 \quad 換言之即是，2H_2O \rightarrow 2H_2 + O_2 \cdots (3)$$

從（1）、（2）可知，水的電解（3）總是有 2 個電子參與反應，所以沒有剩餘。然而，流通的電量與電子的個數成正比。所以可以得出法拉第定律(I)「陰極或陽極參與反應的物質質量，與流通的電量成正比」。

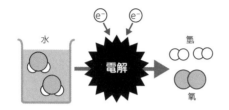

物質的分子個數和電子總是以一定比例進行反應。這就是法拉第定律(I)的意思。

另外，反應中離子的價數（參照下頁的〔附註〕）與相同個數的電子對應。因為參與反應的電子個數跟離子所帶的電量相同。這就是法拉第定律(II)的意義。

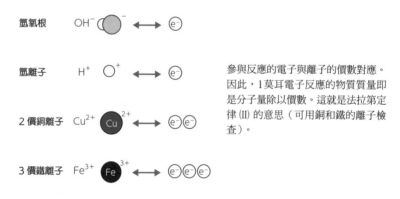

氫氧根　OH^-

氫離子　H^+

2 價銅離子　Cu^{2+}

3 價鐵離子　Fe^{3+}

參與反應的電子與離子的價數對應。因此，1 莫耳電子反應的物質質量即是分子量除以價數。這就是法拉第定律(II)的意思（可用銅和鐵的離子檢查）。

現代發現電子這種電學現象的實體，確認電子就是化學反應的主角後，其實已經沒必要特地將法拉第定律稱為定律。然而從歷史的角度，正是因為法拉第等科學家的努力，後人才能發現電子這種實體的存在（1897年）。

挑戰題

〔問題〕電解硫酸銅水溶液時，陰極會析出銅。請問要得到1莫耳銅（約64g）需要1安培的電流持續通電幾秒？假設硫酸銅水溶液中的銅為2價的正離子Cu^{2+}。

（注）1莫耳為6.0×10^{23}個，1個電子的帶電量為1.6×10^{-19}庫侖，1安培即是1庫侖的電量1秒鐘通過的電流。此外，1莫耳電子的帶電量稱為**法拉第常數**。

〔解〕 銅離子為2價，代表電解後要得到1莫耳的銅，需要2莫耳的電子。因此要得到1莫耳銅需要的電量為

$$2 \times (6.0 \times 10^{23}) \times (1.6 \times 10^{-19}) = 約20 \times 10^4 庫侖$$

也就是20萬庫侖。1安培為1秒內流過1庫侖的電量，故20萬庫侖的話需要20萬秒（約56小時）。（答）

附註

離子的價數

　　電解水時登場的氫氧根OH^-和氫離子H^+，是電性相反，但都帶1個電子份電荷的粒子。這種離子就叫價數1的離子。

　　上面〔問題〕中的硫酸銅水溶液存在的銅離子Cu^{2+}和硫酸離子SO_4^{2-}，則是電性相反，各帶2個電子份電荷的粒子。這種離子則是價數2的離子。

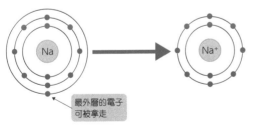

離子的價數，與可取捨的電子數一致。左圖是Na^+離子。

最外層的電子可被拿走

§54

赫斯定律
—— 在原子和分子世界也適用的能量守恆定律

「赫斯定律」又叫「熱總量不變定律」。在「能量守恆」已是常識的現代，這個定律看起來可能沒什麼新鮮的，但在赫斯（1802~1850）活躍的時代卻是劃時代的發現。

反應熱——發熱、吸收

首先來認識一下伴隨化學反應產生的熱吧。化學狀態改變時，通常都會伴隨著熱量，這叫做反應熱。而會產生熱的反應叫發熱反應，會吸收的熱的反應叫吸熱反應。

點燃火柴時，火柴會著火使周圍變熱，就是因為發生了發熱反應。吃汽水類的零嘴時口中會感覺涼涼的，則是因為舌頭上出現吸熱反應。

1根火柴的
發熱

因化學反應而產生或吸收的熱稱為反應熱。

反應熱通常用1莫耳反應物質產生或吸收的熱量來表示。熱量的單位以前是用卡路里，但現在已改成kJ/mol。高中畢業於昭和時代的讀者可能會比較陌生。

（注）1kJ就是1000J(焦耳)。1cal（卡路里）是4.2J。

代表性的反應熱有下列幾種。

反應熱	意義
燃燒熱	1莫耳物質完全燃燒時產生的熱量
生成熱	1莫耳化合物由成分元素生成時產生或吸收的熱量
分解熱	1莫耳化合物分解成成分元素時產生或吸收的熱量
中和熱	中和反應生成1莫耳水時產生的熱量
溶解熱	1莫耳物質溶解時產生或吸收的熱量

（注）若沒有特別標記，則以25℃、1大氣壓為測定值。

熱化學方程式＝化學反應式＋熱

所謂的化學反應式，就是像下面這種式子。

$$C + O_2 \rightarrow CO_2$$

這個反應式是在描述1個碳原子和1個氧原子結合後形成二氧化碳的現象。然而，這個過程中其實還產生了熱。而想表現這個熱量時，需要將化學反應式中的→改成＝。

$$C + O_2 = CO_2 + 394kJ$$

這種包含熱量的化學反應式就叫**熱化學方程式**。例如這個反應式中的394kJ，就是在說碳和氧結合成二氧化碳時，1莫耳的碳會產生的熱量。

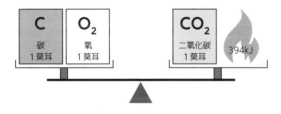

熱化學方程式的係數為1，代表1莫耳物質反應、生成時產生或吸收的熱量。

另外，吸熱反應中的熱量是用負號（－）來表示。例如下面是氮和氧結合，生成一氧化氮時的熱化學方程式。181kJ就是吸熱反應中1莫耳的氮所吸收的熱量。

$$N_2 + O_2 = 2NO - 181kJ$$

赫斯定律——跟途徑沒有關係

化學反應時的能量守恆稱為赫斯定律，這條定律可表述如下。

反應熱與反應物和生成物的種類相關，與反應途徑無關。

不管以何種途徑進行化學反應，整個反應系的總能量不會增加也不會減少。

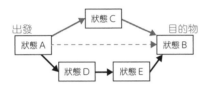

赫斯定律
物質由狀態A變成狀態B，中間存在數種不同的反應途徑。但無論選擇何種途徑，最後產生或吸收的反應熱都一樣。

（例題）碳直接反應變成二氧化碳，跟先變成一氧化碳後才變成二氧化碳，2種反應途徑的熱化學方程式分別如下。

$$C + O_2 = CO_2 + 394kJ \cdots (1)$$

$$C + \frac{1}{2}O_2 = CO + 111kJ \cdots (2)$$

$$CO + \frac{1}{2}O_2 = CO_2 + 283kJ \cdots (3)$$

請檢查赫斯定律是否成立。

[解]（1）是直接生成二氧化碳。（2）、（3）是先生成一氧化碳CO後，再從一氧化碳合成二氧化碳，兩者反應熱的和為111＋283，跟（1）直接生成二氧化碳時的反應熱394一致。故兩路徑的熱收支相同。證明赫斯定律成立。（答）

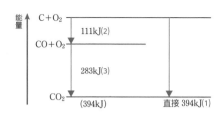

赫斯定律示例
碳和氧生成二氧化碳有2種反應途徑,但兩者的能量收支都相同。

接著,我們再把(2)和(3)像數學式那樣加起來。

$$C + \frac{1}{2}O_2 + CO + \frac{1}{2}O_2 = CO + 111kJ + CO_2 + 283kJ$$

將兩邊相同的部分消去,最後算出的反應熱如下。

$$C + O_2 = CO_2 + 394kJ$$

這跟(1)完全相同。換句話說,熱化學方程式可以跟**數學等式一樣操作**。因為數學中的等號(=)跟熱化學方程式中的等號是可以互用的。

👉 **挑戰題**

〔問題〕25℃、1大氣壓下,下列熱化學方程式成立。

$$H_2 + \frac{1}{2}O_2 = H_2O(液) + 16.3kJ \, , \, H_2 + \frac{1}{2}O_2 = H_2O(氣) + 13.8kJ$$

請根據此方程式,求出25℃、1大氣壓時,水從液體變成氣體時吸收的熱量(汽化熱)。

[解] 消去左右兩式的相同部分並移項,可得
$$H_2O(液) = H_2O(氣) - 2.5kJ$$
根據此式,可知吸收的汽化熱為2.5kJ。(答)

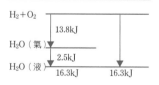

§55

pH值計算原理

—— 討論酸鹼性時的基本指標

　　水H_2O具有很多不可思議的性質。例如明明有共價鍵，氫離子H^+和氫氧根OH^-卻微弱地電離。掌握這個電離的特徵，就能將酸和鹼指標化。這就是pH值。

水的電離平衡

　　鹽（氯化鈉$NaCl$）溶於水會分解成鈉離子和氯離子。這個現象叫做電離。因為氯化鈉是由離子結合起來的，所以碰到水的時候會被分解。

　　然而，水本身卻是氫和氧靠共價鍵結合起來的化合物。靠共價鍵結合的物質一般來說是不會電離的。但很有趣的是，水卻有微弱的電離現象，處於下面的化學式所表示的平衡狀態。這叫做水的電離平衡。

$$2H_2O \rightleftarrows H_3O^+ + OH^- \cdots (1)$$

這裡，H_3O^+是鋅鹽，而OH^-是氫氧根。

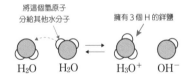

將這個氫原子
分給其他水分子

擁有3個H的鋅鹽

H_2O　　H_2O　　H_3O^+　　OH^-

水的電離
一小部分的水分子會電離成H_3O^+和OH^-，處於平衡狀態。

　　水的電離現象化學式被大量運用在我們的生活中。實際應用時，通常會從鋅鹽H_3O^+拿掉1個水分子H_2O，只單獨留下氫離子H^+，簡寫成下面的形式。

$$H_2O \rightleftarrows H^+ + OH^- \cdots (2)$$

這就是許多文獻都會記載的「水的電離平衡」化學式。

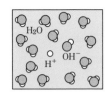

$$H_2O \;\rightleftarrows\; H^+ \;+\; OH^-$$

水的電離簡易示意圖

如圖所示,把鉾鹽當成單獨的氫離子時,就能簡化成右邊的化學式。

氫離子濃度與水的離子積

　　對水的電離平衡套用質量作用定律(§47)。將(2)代入質量作用定律公式,可以得到下面的式子。

$$\frac{[\mathrm{H^+}][\mathrm{OH^-}]}{[\mathrm{H_2O}]} = 定值 \cdots (3)$$

　　因為在水溶液中,氫離子和氫氧根的濃度 $[\mathrm{H^+}]$、$[\mathrm{OH^-}]$ 很小,水的濃度 $[\mathrm{H_2O}]$ 基本上可以看成定值,所以(3)可以繼續簡化成下面的形式。

$$[\mathrm{H^+}]\,[\mathrm{OH^-}] = K_\mathrm{W}\,(定值)$$

這個常數 K_W 就叫水的離子積。

　　測定的結果,已知 1 atm、25℃時,這個常數為 1.0×10^{-14}。換言之,在 1 atm、25℃下,以下關係式能成立。

$$[\mathrm{H^+}]\,[\mathrm{OH^-}] = 1.0 \times 10^{-14} \cdots (4)$$

　　這在化學領域是個很重要的關係式。尤其是氫離子的莫耳濃度 $[\mathrm{H^+}]$ 通常簡稱氫離子濃度。

氫離子濃度跟氫離子指數pH

　　就如大多數的人知道的,酸性的指標是 $\mathrm{H^+}$,鹼性的指標是 $\mathrm{OH^-}$。因此,$\mathrm{H^+}$ 的濃度大於 $\mathrm{OH^-}$ 的濃度(也就是 $[\mathrm{H^+}]$ 大於 $[\mathrm{OH^-}]$)就是酸性,相反則是鹼性。

中性時，$[H^+] = [OH^-]$

酸性時，$[H^+] > [OH^-]$ $\quad\}$ … (5)

鹼性時，$[H^+] < [OH^-]$

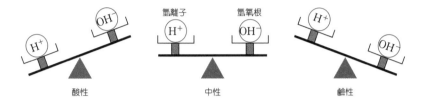

那麼，雖然有點突然，這裡我們要取 (4) 的對數。

$$\log [H^+] [OH^-] = \log(1.0 \times 10^{-14})$$

（注）$\log A$代表常用對數$\log_{10} A$。

根據對數的性質，可得出以下關係式。

$$\log [H^+] + \log [OH^-] = -14 \quad …(6)$$

於是，我們定義pH這個數。

$$\mathbf{pH = -\log [H^+]} \quad … (7)$$

這個pH的定義稱為**氫離子指數**。另外又簡稱「pH值」或「酸鹼值」。而根據定義 (7) 和 (6)，

$$\log [H^+] = -pH，\log [OH^-] = -14 + pH$$

附註

pH的讀法

「pH」一詞最早的發現者是丹麥人，加上近代化學主要是發展自歐洲，因此通常是用德語發音。直到1957年pH依日本工業規格（JIS）化時，才將讀法統一為英文發音的「pH」，也是目前正式的讀法，但仍有部分人沿用德文發音。另外，pH的英文全稱是power of hydrogen。

跟（5）結合就是，

中性時，pH＝7

酸性時，pH＜7 $\left.\right\}$ … （8）

鹼性時，pH＞7

於是，我們知道可以**用pH值與7的關係來判斷水溶液的酸鹼性**。

另外，由pH的定義（7）可知，氫離子 $[H^+]$ 濃度愈大，pH值就會愈接近0。換言之，酸的濃度愈高，pH值就會從中性的7下降，愈來愈接近0（右圖）。

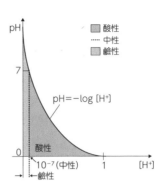

pH的具體例子

將（7）的對數變回指數，就能得到右邊的公式。這代表氫離子在1公升水溶液中存在 10^{-pH} 莫耳。

$$[H^+] = 10^{-pH}$$

即使改用指數表示，也還是很難理解pH到底是什麼。因此下面就讓我們從身邊的日常事物來感受pH的具體值吧（下圖）。橘子和檸檬之所以會酸，是因為它們含有果酸，pH值大概在2～4之間。而胃酸的pH值會隨身體狀況而異，但一般在1.5左右。

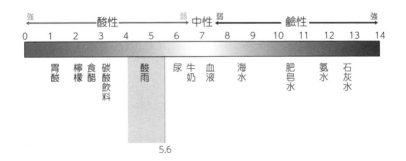

pH值差1，氫離子濃度就差10倍

從定義（7）可看出，pH值是對數尺度。因此，pH值相差1，氫離子濃度就會相差10倍。這個問題在環保領域常常被拿出來討論。例如，pH4的酸雨，酸度比pH5的酸雨高上10倍，比pH6的正常雨水酸度強上100倍。對動植物的影響相差甚鉅。

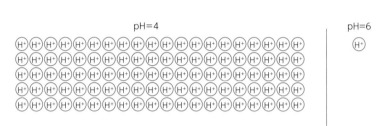

pH差2，酸度就差10^2＝100倍之多

pH值是用對數表示的氫離子濃度，因此pH值跟氫離子濃度值的尺度相差甚遠。例如pH是6，代表1公升的水中含有0.000001莫耳的氫離子；但pH是4時，代表該水溶液的氫離子數量變成100倍，也就是0.0001莫耳。雖然pH值只差了2，氫離子濃度卻有100倍之差。

挑戰題

〔問題〕請計算25℃、1大氣壓中，純水內水分子的電離比例是多少。假設1l的水質量為1kg，1莫耳水H_2O的質量為18g。

〔解〕 1l純水的質量為1kg＝1000g。其中含有的水分子莫耳數為

$$\frac{1000}{18}＝約56莫耳$$

其中，25℃、1大氣壓下電離的水分子跟氫離子濃度同為1.0×10^{-7}莫耳，故水分子電離的比率為56莫耳分之1.0×10^{-7}莫耳。換言之，每5億6000萬個水分子中有1個水分子電離。（答）

附註

酸性與鹼性

　　水溶液的性質之一，就是具有酸性、鹼性或中性。

　　酸性水溶液有鹽酸、硫酸、硝酸等等。這些酸性溶液的特徵，放在超級顯微鏡下觀察，就是溶液中含有很多的氫離子H^+。而氫離子就是酸性的主因。

　　氫離子H^+就是失去1個電子的氫原子，所以會帶正電。此時，氫離子H^+就相當於沒有穿電子外衣的「全裸」狀態。雖然原子全裸也不會感冒，但正常情況下是不會以這種狀態存在的。氫離子在水溶液中會跟水分子的氧結合，以銲鹽的形態存在。

氫原子 H　　　　　氫離子 H^+　　　　　銲鹽

　　而一般人所知的鹼性水溶液則有氫氧化鈉（苛性鈉）、氫氧化鈣（熟石灰）、氨水等水溶液。酸性物質會有酸味，而鹼性物質通常帶有苦味。

氫氧根

　　如果把鹼性水溶液放在超級顯微鏡下，會發現裡面還有大量的氫氧根。它們就是鹼性的主因。

　　氫氧根就是氫和氧結合而成，帶負電的離子OH^-。可以想成水分子失去1個氫離子後的狀態，或許比較好理解。

　　順帶一提，昭和時代的日本理化課程，是用「氫氧離子」來稱呼氫氧根。

勒沙特列平衡移動原理

—— 化學工業增產策略不可或缺的原理

　　法國化學家勒沙特列（1850～1936），於1884年發表了俗稱勒沙特列平衡移動原理的以下定律。這是化學工業中，製造物質時不可或缺的定律。

> 在化學平衡狀態下，改變溫度、壓力、濃度等條件時，化學平衡會向抵消這種改變的方向移動。

　　剛看完這句話，可能會覺得完全不曉得它到底在說什麼。所以下面我們就用具體的例子來看看這句話的意思。

　　(注)　「勒沙特列平衡移動原理」又稱平衡移動原理、勒沙特列定律。此外，1887年另一位德國科學家卡爾‧布勞恩也獨立發表了同一發現。因此也有人將此原理稱為勒沙特列-布勞恩原理。

用氮氧化物理解探究平衡移動原理

　　舉個具體的例子，便是常溫常壓下的二氧化氮和四氧化二氮的平衡狀態，這兩者是惡名昭彰空氣汙染氣體，二氧化氮是褐色的氣體，而四氧化二氮則是無色氣體。雖然2種氣體都有毒，但它們因為可以透過顏色的變化判斷在壓力和熱變化中平衡狀態朝哪邊移動，所以在勒沙特列定律的實驗中常常被拿來使用。

　　這2種氣體是以下面的平衡狀態存在於自然界。

　　　　$N_2O_4 \rightleftarrows 2NO_2 \cdots (1)$

　　另，(1)的反應為吸熱反應，滿足以下的熱化學方程式。

　　　　$N_2O_4 = 2NO_2 - 57.3 \, (kJ) \cdots (2)$

四氧化
二氮

N（氮）

二氧化氮

O（氧）

四氧化二氮是無色的氣體，二氧化氮是褐色的氣體。因此，（1）的平衡狀態下，整體呈現淡褐色。

① 只有四氧化二氮
② 二氧化氮和四氧化二氮（二氧化氮較少）
③ 二氧化氮和四氧化二氮（二氧化氮較多）
④ 只有二氧化氮

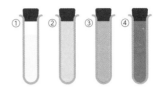

壓力變化

　　二氧化氮與四氧化二氮在化學平衡的狀態（1）下，從外部對裝著2種氣體的容器加壓，讓體積變小。此時，勒沙特列定律可表述如下。

> **化學平衡會朝抵消加壓效果的方向移動。**

　　要「抵消壓力效果」，意味著（1）的反應須朝左移動。因為要減少整體的分子數，才能抵消壓力的變化。於是，透明的四氧化二氮數量增加，容器中的氣體顏色變淡。相反地，當容器的壓力減少時，二氧化氮會增加，使容器中的氣體顏色變深。

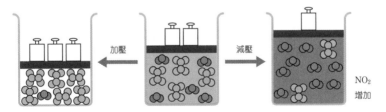

加壓　　　　　減壓　　　　　　NO$_2$ 增加

加壓時（1）的平衡狀態會朝減少分子數的方向移動，使N$_2$O$_4$增加、顏色變淡。反之當壓力減少時，（1）的平衡狀態會朝增加分子數的方向移動，使NO$_2$增加、氣體顏色變深。

二氧化氮與四氧化二氮處於化學平衡狀態（1）時，將容器慢慢加溫。此時，勒沙特列定律可表述如下。

化學平衡會朝抵消增溫效果的方向移動。

要「抵消增溫效果」，（1）的反應就必須向右移動。因為由（2）可知，N_2O_4變成$2NO_2$的反應為吸熱反應，可以吸收外部增加的熱量，抵消溫度的變化。因此，透明的四氧化二氮分子數減少，褐色的二氧化氮增加，使容器中的氣體顏色變深。相反地，當容器的溫度下降，容器內的氣體顏色會變淡。

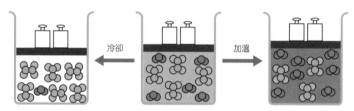

冷卻　　加溫

溫度提高時，平衡狀態（1）會朝使溫度下降（吸熱反應，也就是往右移）的方向移動。因此，N_2O_4減少，NO_2增加，氣體顏色變深。相反地溫度下降時，平衡狀態（1）會往左移，使氣體顏色變淡。

最後再以歷史上相當有名的氨水（分子式NH_3）為例，看看勒沙特列定律的原理。氨水是很多化工製品的基礎材料，是工業上非常重要的物質。

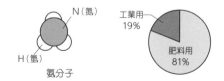

N（氮）
H（氫）
氨分子

工業用
19%
肥料用
81%

左為氨分子的構造。右為全世界的氨使用情形。總生產量為1.71億噸（2012年）。

氨水可以透過將催化劑放入裝有氫和氮的容器，加溫加壓後獲得。而實際上，製造氨水時，容器內的化學平衡狀態如下。

$$N_2 + 3H_2 \rightleftarrows 2NH_3 \cdots (3)$$

由左至右時為發熱反應，故可得到以下的熱反應方程式。

$$N_2 + 3H_2 = 2NH_3 + 92.2kJ \cdots (4)$$

根據此式，氨在低溫時較容易引發正反應（由左至右的反應）。因為由（4）可知生成氨水的反應為發熱反應，所以降低溫度時，根據勒沙特列定律，（3）的平衡狀態會往右傾斜。

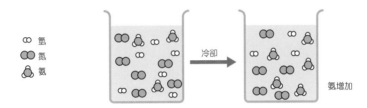

然而，降低溫度的話反應速度也會變慢，使氨的生產效率變差。而催化劑的用途正是為了解決這問題。所謂的催化劑就是反應前後自身不會改變，但能加快反應速度的物質。而生產氨的時候，一般是用四氧化三鐵（Fe_3O_4）來當催化劑。

👆 挑戰題

〔問題〕請問氨的生成過程中，為何提高壓力會比較有利？

[解]　由平衡狀態（3）可知，（3）的正反應（右向反應）會使分子數減少。而高壓狀態時分子密度會提高，故根據勒沙特列定律，平衡狀態會朝使分子數減少的方向移動。換言之可使（3）朝分子數減少的方向（引起正反應）移動。（答）

COLUMN

莫耳濃度

　　至此為止，我們已經計算過很多次莫耳濃度了。尤其要以量化的方式掌握化學平衡狀態，絕對不能沒有莫耳濃度。這裡我們就來整理一下有關莫耳濃度的知識吧。

　　所謂的莫耳濃度，就是1公升溶液中所含的溶質莫耳數。這裡莫耳數就是以莫耳（§41）為單位的數量值。

　　根據此定義，莫耳濃度可用以下方式求出。

$$莫耳濃度 = \frac{溶質莫耳數}{溶液的體積\,(l)}$$

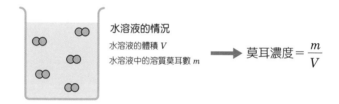

水溶液的情況
水溶液的體積 V
水溶液中的溶質莫耳數 m ⟶ $莫耳濃度 = \dfrac{m}{V}$

　　分子和離子的莫耳濃度，是在該分子和離子的化學式外加上大括弧〔 〕來表示。

　　例如〔Na⁺〕代表Na^+的莫耳濃度。

　　下面讓我們看看實際的例子吧。

　　現在，假設有一杯含有10g氫氧化鈉的500ml水溶液，則該溶液的莫耳濃度就是 $\frac{0.25}{0.5} = 0.5$（mol/l）。由於氫氧化鈉的式量為40，所以10g的氫氧化鈉就是0.25莫耳。換言之，

　　〔NaOH〕＝0.5

NaOH

水溶液的體積 500ml
水溶液中的溶質莫耳數
$\frac{10}{40} = 0.25$ 莫耳

　　上述的例子中，當氫氧化鈉完全電離時，

　　　　〔Na⁺〕＝0.5，〔OH⁻〕＝0.5

　　（注）離子化合物的**式量**，就是該化合物聚集1莫耳時的質量。

第6章

從量子的世界
到相對論

§ 57

居禮-外斯定律
—— 表現磁鐵和溫度關係的基本公式

　　磁鐵被運用在日常生活的各種層面。例如判斷方位的指南針、冰箱的門、檢查電子儀器的蓋子是否打開的偵測器、硬碟的讀寫頭、磁浮列車的動力等等，可說不勝枚舉。而研究磁鐵的構造時有個一定要用到的定律，那就是「居禮-外斯定律」。

磁性的種類

　　原子的結構可簡單用下圖表示。

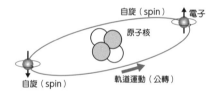

自旋（spin）　電子
原子核
自旋（spin）　軌道運動（公轉）

原子模型
本圖是以氫原子為例，要注意電子是會自旋的。

　　由本圖的原子模型可知，**磁性**的來源有2種。

(I) 電子繞原子核運動（公轉）產生的磁性。

(II) 電子自轉（自旋）產生的磁性。

　　從外部施加磁場時，(I)會遵循冷次定律（§34）產生與外部磁場方向相反的磁性。相對地，(II)則會產生跟外部磁場方向相同的磁性。整體來看，哪種磁性會如何影響物質的性質，要視該物質的構造而定。但從結論來說，物質所帶的磁性可分為下列3種。

　　（注）另外還有一種不在表中的「反鐵磁性」，但因為這種磁性比較特別，故本書略過不提。

256

名稱	解說
順磁性	不存在外部磁場時不會磁化，施加外部磁場時會朝相同方向產生微弱磁化向量。
鐵磁性	俗稱「磁鐵」的物質所帶的性質。具有順磁性，同時具有自發性的磁化現象（也就是永久磁鐵）。
抗磁性	施予外部磁場時，物質會朝反方向磁化，產生微弱斥力的性質。

透視各種磁性物質的內部結構，就像下圖所示。

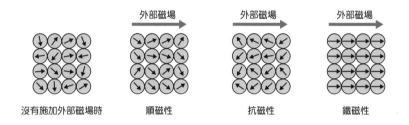

沒有施加外部磁場時　　　順磁性　　　　抗磁性　　　　鐵磁性

從 (I)、(II) 的說明可知，所有的物質都具有磁性。因此，「磁性物質就是會被磁鐵吸引的物質」這句話其實是不正確的。鋁和銅雖然不會被磁鐵吸引，但銅其實具有抗磁性，而鋁則有順磁性。另外，幾乎完全不受磁場影響的物質性質則稱為**非磁性**。

居禮點

從磁性產生的機制 (I)(II) 可以想像，磁性對溫度是很敏感的。因為原子和分子的熱運動在高溫下會變得活潑，在巨觀面抵消彼此的磁性。特別是對帶有鐵磁性的物質而言，這點非常重要。因為如同上圖可見，鐵磁性就是原子和分子的磁性全部朝向同一方向所產生的性質。

關於鐵磁性物質跟溫度的關係，法國物理學家皮耶·居禮（1859～1906，放射性研究十分有名的居禮夫人的丈夫）發現了以下的性質。

> 一旦超過特定溫度，鐵磁性物質就會失去磁性。

而這個「特定溫度」就叫**居禮點**（或**居禮溫度**）。一旦溫度超過居禮點，帶有鐵磁性的物質，磁性方向就會因熱振動而打亂，變成幾乎等於順

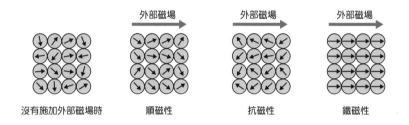

磁性的狀態。

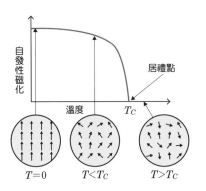

居禮點
簡單地說，會使永久磁鐵失去磁性的溫度就是居禮點（居禮溫度）。

居禮定律

從外部施加磁場 H 時，物質內部的原子和分子的方向會改變。因此，在內部觀測到的磁場會跟外部磁場不同。這個通常用 B（磁通量）來表示。物質內部的各點都會受到磁通量 B 的影響。假設物質受到該影響而被磁化大小為 M，則此時下列關係式成立。

$$M = \chi B \cdots (1)$$

此處的 χ（chi，希臘字母）是物質特有的常數，又稱**磁化率**。

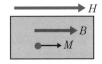

磁化率
當物質內部因磁場 B 的影響而被磁化的大小為 M 時，$M = \chi B$ 成立。

磁化率 χ 也會受溫度影響，而居禮發現順磁性的物質具有下列特性（1895年）。

> 順磁性物質的磁化率 χ 與溫度 T 成反比。換言之，$\chi = \dfrac{C}{T}$

這個定律叫**居禮定律**。此外，常數 C 則稱**居禮常數**。這個定律在高溫或弱磁場下有效。

跟居禮同樣是法國人的皮耶·外斯，後來繼續發展居禮定律的理論，發現了對鐵磁性物質也有效的**居禮-外斯定律**（1907年）。

對於磁性體，當溫度為居禮點T_c以上，磁化率χ跟絕對溫度T存在以下關係：$\chi = \dfrac{C}{T - T_c}$ … (2)

科學家根據這個公式，透過實驗求出居禮常數C和居禮點T_C後，才終於能夠調查物質的構造和電子的狀態。。

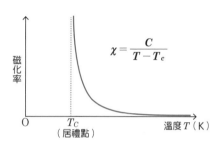

$$\chi = \frac{C}{T - T_c}$$

磁化率

O ｜ T_C （居禮點） ｜ 溫度T（K）

居禮-外斯定律
（1）的$M = \chi B$定義的磁化率χ，是用溫度跟（2）的關係連結起來的定律。並以溫度高於居禮點為前提。

挑戰題

〔問題〕請問下列物質分別是順磁性、鐵磁性、抗磁性哪種性質。
　　　　（甲）鋼鐵　　（乙）水　　（丙）玻璃窗

[解]　（甲）鐵磁性　　（乙）抗磁性　　（丙）順磁性（答）

§58

愛因斯坦的光量子假說

—— 太陽能電池和LED的原理

　　光到底是波還是粒子，科學家們曾為這個問題爭論過很長一段時間。牛頓主張光是一種「粒子」，而惠更斯和虎克則認為光是一種「波」。18～19世紀間，科學家們用實驗證實了光具有繞射和干涉的特性，使得波動說成為主流。

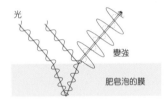

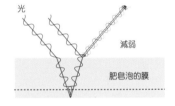

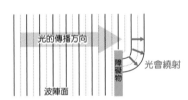

光的干涉和繞射
上圖是肥皂泡造成的光的干涉現象（§24）。隨著膜的厚度不同，有的色光會變強，有的色光會減弱，使肥皂泡表面看起來像彩虹。而左圖則是光的繞射。影子的邊緣看起來不是清晰銳利的就是這原因。

　　然而，19世紀末，科學界發現了一種波動說難以解釋的現象。那就是「光電效應」。

光電效應

　　光電效應，就是紫外線照到金屬時，使金屬內釋放出電子的現象。
　　物質中的電子被原子的引力束縛，通常是不會跑出來的。就算獲得了一點能量而跑掉，也會馬上被拉回去（次頁圖左）。這個束縛的強度稱為功函數。然而，當照射到紫外線時，電子就會擺脫束縛逃逸出去。這就是光電效應。

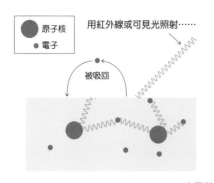
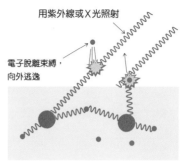

| 原子核 | 用紅外線或可見光照射…… | 用紫外線或X光照射 |
| 電子 | | |

被吸回

電子脫離束縛，
向外逃逸

光電效應

　光看這個敘述，可能還不太明白問題在哪裡。問題在於，如果電子單純是因為能量的影響而逃逸，那麼就算不是紫外線，換成紅外線應該也會發生這現象才對。光的強度愈強，也就是光的振幅愈大，光的能量也就愈大，應該也能引起光電效應。然而，無論用多麼強的紅外線照射，也無法引發光電效應。相反地，不論能量有多弱，只要用紫外線照射就能產生光電效應。於是光電效應的現象跟主張「光是一種波」的古典物理學發生了矛盾，令19世紀的物理學家們大感不解。

光量子假說

　此時登場的便是愛因斯坦（1879～1955）。愛因斯坦提出了下面的理論（1905年）。

> 頻率為 ν 的光，即是帶有 $h\nu$ 持能量的光粒子。同時，光的強度與粒子量成正比。

　這種光的粒子叫**光量子**，而這個理論則被稱為**愛因斯坦光量子假說**。其中，h 是常數（即俗稱的**普朗克常數**，6.6×10^{-34} Js）。

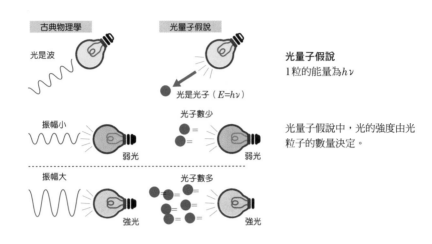

古典物理學

光量子假說

光是波

光是光子（$E=h\nu$）

光量子假說
1粒的能量為$h\nu$

振幅小

弱光

光子數少

= 弱光

光量子假說中，光的強度由光粒子的數量決定。

振幅大

強光

光子數多

= 強光

用光量子假說解釋光電效應

「即使用強紅外線照射，電子也不會從金屬中逃逸；但即使用弱紫外線照射，也能使電子逃逸」的現象，可以用光量子假說輕鬆地解釋。假設原子束縛的功函數為W，一旦電子從光量子得到的能量$h\nu$超過W，電子就能從金屬中解放。

解放的條件為：$h\nu > W$

而無論多麼強的紅外線，由於振動頻率ν太小，所以無論如何都無法達成這條件。然而，無論紫外線再怎麼弱，因為其振動頻率很大，所以可以輕易達成該條件。

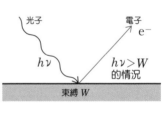

光子

電子
e^-

$h\nu$

$h\nu > W$
的情況

束縛 W

可以簡單解釋光電效應的光量子假說，後來便發展出了「一切基本粒子都同時具有波和粒子性質」的量子力學。

LED的原理

在現代隨處可見的LED（發光二極體）的原理，也是應用光量子假說。LED是由帶有多餘電子的N型半導體，跟缺少電子（有電洞）的P型半導體連接起來，設計成可使電流從一邊流向另一邊的二極體。這個二極體通電後，電洞會和電子結合產生能量E。而這個能量E滿足$E=h\nu$，

會變成頻率ν的光。因為E的大小是由半導體物質所決定，所以可以藉由材料的選擇，設計出所需波長的LED。

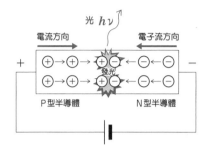

LED的原理
將P型半導體和N型半導體連接而成的二極體。電洞⊕和電子⊖會在交界面衝突，產生能量。這個能量會被轉換成$h\nu$，變成頻率ν的光。E由半導體的物質決定，所以半導體物質也決定光的頻率ν。

太陽能電池的原理

太陽能電池就是一組原理跟LED相反的二極體（實際上LED也可以用來發電）。太陽能電池會吸收頻率ν的光，產生能量E。此時，$E = h\nu$的關係依然成立。

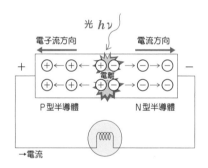

太陽能電池的原理
運作原理跟LED相反。光的能量會在2種半導體的交界面產生電洞和電子，藉此產生電壓。用這種方式發電。電壓是由光的能量$h\nu$產生的。

挑戰題

〔問題〕請思考遙遠恆星的光芒可被肉眼看見的理由。

[解]　如果光是波的話，行進幾百萬光年的距離後，能量理應早已逸散到周圍的空間而變弱，弱到無法被視網膜感受。但若光量子假說正確，則光會維持粒子的狀態進入人眼，可以被視網膜接收到。（答）

§59

超導現象與BCS理論

—— 打造中央新幹線所用的強力磁鐵不可欠缺的理論

　　物質為什麼會慢慢變冷呢？從微觀的角度觀察物質，會發現原子和分子無時無刻都在進行熱運動，且動能與絕對溫度（§42）成正比。所以科學家們想像，當溫度接近絕對溫度0（絕對零度），整個世界應該就會變成毫無動靜的寂寥世界。

固體的熱運動

液體的熱運動

氣體的熱運動

熱運動
熱運動的動能與絕對溫度成正比。那麼，當絕對溫度為0時，會發生什麼事？

　　然而，此時卻有個人跳出來挑戰這個常識性的想法。那就是1911年的荷蘭物理學家昂內斯。結果，昂內斯發現了一個超乎人們想像的世界。

絕對溫度

　　這裡先來複習一下絕對溫度。本節要介紹的是發生在溫度接近絕對零度時的現象。在理想氣體（§44）一節時我們說過，絕對溫度T（單位為K）跟日常溫度t（單位為℃）具有以下關係。

$$t = T - 273$$

　　換言之，0℃就是絕對溫度273K。

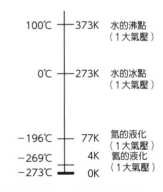

攝氏溫度（℃）	絕對溫度（K）	
100℃	373K	水的沸點（1大氣壓）
0℃	273K	水的冰點（1大氣壓）
-196℃	77K	氮的液化（1大氣壓）
-269℃	4K	氦的液化（1大氣壓）
-273℃	0K	

超導現象

　　昂內斯是冷卻技術的大師。實際上,史上第一個製造出4K(−269℃),成功實現氦的液化的人就是他。他以自己製造出來的液態氦為武器,研究了各種物質的特性,然後發現水銀在溫度4.2K(−268℃)下,電阻突然變成0。昂內斯發現了長久以來被科學界奉為教條的歐姆定律不適用的世界,並稱這個現象為**超導性**。

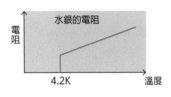

超導
水銀在4.2K時會突然失去電阻。昂內斯發現了歐姆定律不適用的世界。

　　在這項發現後,昂內斯又接連在其他物質上發現了超導現象。因此將這種在低溫下會出現超導性的物質,稱為**超導體**。

邁斯納效應

　　1933年,物理學家發現了超導狀態的物質,具有從內部排斥外部磁場的性質。而這個性質後來被科學界冠以發現者代表的名字,命名為**邁斯納效應**。

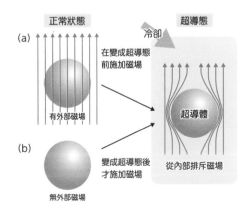

邁斯納效應
超導體會完全排斥磁力線。(b)變成超導態後才施加外部磁場時,磁場會被排斥,可用冷次定律(§34)和超導體電阻為0來解釋。但(a)物體在變成超導態後才排斥磁場的現象,要用量子力學才能說明。

施加外部磁場時會朝抵消磁場的方向磁化的性質，稱為抗磁性（§57）。從這個定義來看，超導體可說具有**完全抗磁性**。

邁斯納效應在超導現象的示範實驗中非常有名。在超導體上放一塊磁鐵，磁鐵的磁力線會被超導體排斥，飄浮在空中。這個實驗展示了超導體的神奇特性。

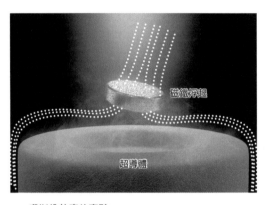

邁斯納效應的實驗
磁鐵產生的磁力線被超導體排斥，使磁鐵浮起。

用量子力學解釋BCS理論

所謂的超導現象，就是「電子像波一樣行動」的微觀世界的奇妙現象，呈現在肉眼可見的巨觀世界的結果。超導現象為科學家們提示了在日常生活中被熱所掩蓋，在巨觀世界看不到的微觀世界的真實情況。

現代一般認為，超導現象就是原本相斥的2個電子，在物質中互相吸引，產生特殊的電子狀態的波。因為是波的狀態，所以電阻會變成0。因為構成固體的原子幾乎完全停止熱運動，所以這個現象才能被外界觀測到。

那麼，為什麼原本互相排斥的電子會突然互相吸引呢？這是因為存在著構成金屬結晶的帶正電的金屬離子。舉例而言，當某個地方出現1個電子時，周圍帶正電的金屬離子就會被那個電子吸引。結果那個地方的正電荷密度因此提高，又吸引了其他帶負電的電子聚集過來。於是2個電子就藉由金屬離子互相吸在一起了。

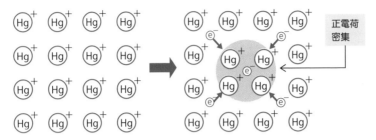

整齊排列的金屬離子（左）吸引電子，產生正電荷的密集。而這又
會吸引其他電子靠近（右）。

以上是用古典的說法來解釋超導現象，但首先用這個概念解開超導之
謎的，卻是量子力學的**BCS理論**。而這個成對的電子則叫**古柏對**。

（注）BCS一名源自該理論的提出者約翰‧巴丁、利昂‧古柏和約翰‧施里弗
三人的姓氏字首。

利用高溫超導製造強力磁鐵！

超導體電阻為0的性質，具有非常高的實用價值。因為可以用很小的
電壓就產生很大的電流，舉例來說，可用在如強力磁鐵的製造。所以，目
前科學界一直在尋找即使在高溫環境也能穩定保持超導態的超導物質。目
前已找到了可在大氣壓下於135K（−138℃）保持超導態的超導物質。此
外，日本建設中的中央新幹線磁浮列車，則是用鈮鈦合金作為穩定的超導
體。

挑戰題

〔問題〕超導體在低溫下電阻會變成0。那麼，請問何種物質在升溫後
電阻會變小呢？

［解］ 半導體。因為熱運動的關係，自由電子會增加。（答）

§60

薛丁格方程式與
測不準原理

—— 描述微觀世界的物理化學基本方程式

　　物質的性質幾乎都是由電子的狀態決定的。而描述電子世界的力學，並不遵循牛頓所提出的運動方程式。要描述電子的運動，就必須運用到20世紀初才建立的量子力學。而量子力學的核心，就是薛丁格方程式。

　　（本節會用到很會多高等數學的東西，沒學過的讀者請瀏覽過去即可。）

微觀的世界必須用薛丁格方程式描述。

穩態的薛丁格方程式

　　質量 m 的質點的運動，用薛丁格方程式來描述就像下列形式。

$$i\hbar\frac{\partial}{\partial t}\psi = H\psi \quad (\ \hbar = \frac{h}{2\pi} \text{、} h \text{是普朗克常數（§58））} \cdots (1)$$

　　滿足這條方程式的解 ψ（Psi）稱為波函數。而 H 則是俗稱哈密頓算符的演算子，1次元時可表示成如下形式。以質點位置的位能為 $V(x)$，

$$H = -\frac{\hbar^2}{2m}\frac{\partial^2}{\partial x^2} + V(x) \cdots (2)$$

本節中，我們只考慮1次元的情況。

薛丁格方程式是偏微分方程式，要得出一般解非常麻煩，但可以藉由

加上適當條件來解開。其中最有名的，就是穩態的條件。所謂的穩態，就是被表述的質點狀態只由位置決定，具體來說，就是能量E已確定的狀態。此時方程式（1）可變形成下面的形式。

$$\left\{-\frac{\hbar^2}{2m}\frac{d^2}{dx^2}+V(x)\right\}\phi(x)=E\phi(x) \quad , \quad \psi=\phi(x)e^{-i\frac{E}{\hbar}t} \cdots (3)$$

（注）$e^{-i\frac{E}{\hbar}t}$可用歐拉公式$e^{i\theta}=\cos\theta+i\sin\theta$求出。$e^{i\theta}$的大小（$=|e^{i\theta}|$）為1。

跟（1）相比，（2）要好處理得多。這條方程式（3）的解就叫薛丁格方程式的穩態解。

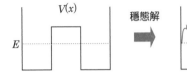
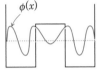

穩態解
（3）的$V(x)$為左記函數時的穩態解。

古典力學的對應

（1）中出現了哈密頓算符H。換成古典力學時，簡單地說，哈密頓算符就相當於用動量表示的能量E。以質量m的質點來說，若速度為v，動量p就是mv，故

$$能量 E=\frac{1}{2}mv^2+V(x) \rightarrow 哈密頓算符 H=\frac{1}{2m}p^2+V(x)$$

然後，再套用下面的置換法就能得到公式（2）。這就叫對應原理。

〔對應原理〕古典理論中的動量p可與$\frac{\hbar}{i}\frac{d}{dx}$互換。

這個對應原理，是從法國物理學家德布羅意（1892～1987）的發現（1924年）「帶有動量p的粒子與h/λ的波等價」（λ是粒子波的波長）類比得出的對應關係。

對自由電子問題求解

接著讓我們來求看看自由電子的穩態解。所謂的自由電子就是不受束

縛的電子，可用將$V(x)=0$代入（3）的薛丁格方程式求出。假設電子的質量為m，能量為E，

$$-\frac{\hbar^2}{2m}\frac{d^2}{dx^2}\phi(x)=E\phi(x)\cdots(4)$$

這個解可簡單解出，得到以下的穩態解。

$$\phi(x)=Ae^{ikx}\quad(A為複數的常數，k=\frac{\sqrt{2mE}}{\hbar})\cdots(5)$$

(5)的概念
e^{ikx}根據歐拉公式$\cos kx+i\sin kx$。因此，這個$\phi(x)$的概念是波。

於是，根據（3）（5）可得出薛丁格方程式（4）的解。

$$\psi(x,\ t)=\phi(x)e^{-i\frac{E}{\hbar}t}=Ae^{ikx}\ e^{-i\frac{E}{\hbar}t}=Ae^{i\left(kx-\frac{E}{\hbar}t\right)}\cdots(6)$$

ψ的意義和測不準原理

薛丁格方程式的解（6）代表什麼意思呢？由電子會像波一樣發生干涉現象，可以作出如下的解釋。

> 薛丁格方程式的解ψ的大小平方$|\psi|^2$，表示該點質點的存在機率。

那麼馬上對（6）套用這個解釋吧。利用公式$|e^{i\theta}|=1$，

$$|\psi|^2=\left|Ae^{i\left(kx-\frac{E}{\hbar}t\right)}\right|^2=1$$

這個式子的意思非常不可思議。這代表帶有能量E的自由電子，存在於任何位置的機率都相等。換句話說，我們無法得知它到底在哪裡。這是日常世界難以想像的事情。已確定能量的粒子無法確定所在位置，就好比明知一架飛機以固定速度飛行，卻不知道它到底在哪裡飛行。

以上的結果，意味著在微觀世界，「不可能同時測量出多個物理量」。而這種觀點就叫測不準原理。

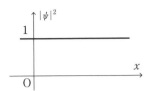

$|\psi|^2$代表某位置質點存在機率的密度。從（6）得出這個值是常數1，代表該質點存在於所有位置的機率相等。這是因為自由電子的能量E已經確定（因此，動量p也確定）。

而不曉得電子的位置究竟在哪裡，也可以想成帶有能量E的自由電子同時擁有存在於所有地方的狀態。而這就叫**狀態的疊加**。

☞挑戰題

〔問題〕已知存在於原點O的電子，請問能量是否為疊加狀態。

[解] 已確定存在於原點O的電子的波函數，可用δ函數$\delta(x)$表示（右圖）。然後，依照傅立葉分析，可表示成下面的形式。

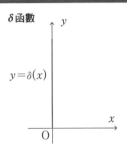

δ函數

$y = \delta(x)$

$$\delta(x) = \frac{1}{2\pi} \int_{-\infty}^{\infty} e^{ikx}\, dk$$

前頁的（5）可知，這就是將$k = \frac{\sqrt{2mE}}{\hbar}$的波無限疊加的函數。因為若不將帶有各種能量的波（5）無限疊加，就無法將質點的位置確定在1點。（答）

§61

包立不相容原理

—— 特定的位子只能容納1個電子

　　電子在微觀世界是以波的型態在運動。而電子的波運動，可以解釋原子的各種特性。本節就讓我們回顧歷史，探討電子在原子中的運動有哪些特性。

原子模型

　　19世紀，科學家們解明了原子的存在後，開始研究原子究竟長什麼樣子。原子通常是電中性，而且就如在伏打電池的實驗中發現的那樣，被一層薄薄的電子所包覆。換言之原子是由帶正電的主結構和帶負電的微小電子所構成的。於是，科學家們提出了各式各樣可能的原子模型。

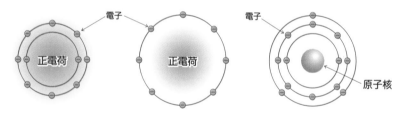

各種原子模型
左邊是英國物理學家湯姆森提出的模型（1897年、1904年）。湯姆森以發現電子而聞名。中間是日本物理學家長岡半太郎的模型（1904年）。右邊是湯姆森的學生拉塞福的模型（1911年）。左邊和中間的模型沒有核的存在，而拉塞福的模型卻存在1顆硬核。

　　右端的原子模型提案者是拉塞福（1871～1937），他用放射線α射線（He離子）射擊金箔，證明了該模型的正確性。實驗結果發現少數的α射線遇到了很大的反彈，而這是湯姆森的均勻分布原子模型無法解釋的。

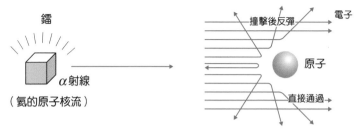

拉塞福的實驗
用 α 射線射擊金箔時，觀測到了軌道的大幅偏向。這證明原子
具有堅硬的芯，也就是原子核的存在。

然而，拉塞福的模型有個很大的缺陷。那就是電子為了不掉到原子核內，必須不停地繞著原子核旋轉。這就跟月亮不會掉下來的原因一樣。然而，電子不停旋轉的話，理應會發生電磁感應（§33），產生電磁波而失去能量。使原子處於不安定的狀態。

因此，丹麥物理學家波耳（1885～1962）於1913年提出了名為「**波耳模型**」的新原子模型。

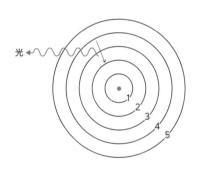

波耳模型
這個模型可整理如下。
· 核的周圍存在電子。
· 電子的軌道以核的觀點來看存在特定位置。
· 電子從1個軌道移動到另一個軌道時會吸收或放出光。

而支撐這個模型理論的，就是「電子會以波的型態運動」。電子的軌道之所以很穩定，是因為電子的波在軌道上為駐波（右圖）。於是，這就衍生了容納電子的「空位」，也就是殼層（§51）的概念。

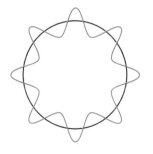

氫原子模型跟薛丁格方程式的解

以波耳的原子模型等理論為契機，因而確立了描述微觀世界的量子力學（§60）。利用量子力學的基本方程式，也就是薛丁格方程式，波耳模型的電子軌道也變得更加精確。尤其是中央帶正電荷 Ze（Z 是自然數，e 是電子的電荷）的「氫原子模型」，更在數學上得到精確地描述。下圖依序是由能量低至高的 3 個解（俗稱 1s、2s、2p 的軌道，2p 軌道有 $2p_x$、$2p_y$、$2p_z$ 種共 3 種）。

（注）薛丁格方程式的解雖然不是軌道而是機率函數，但因歷史習慣還是常常被稱為軌道。另外，軌道的名字 $2p_x$ 中，2 是**主量子數**、p 是**角量子數**、x 是**磁量子數**。

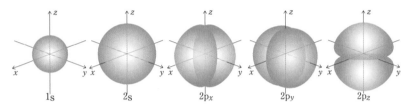

1s   2s $2p_x$ $2p_y$ $2p_z$

氫原子模型的軌道

右圖是從能量低（也就是比較安定）到高的軌道，這叫做能階。這樣子電子的座位就準備好了。剩下只要讓電子按照位子坐好，原子模型就完成了。

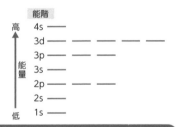

包立不相容原理

讓我們以氦（He）原子為例吧。右圖是以古典方式描述的原子構造。

拿掉 He 原子全部的 2 個電子，然後再放入 1 個電子，觀察該電子的軌道。如此一來，就能套用上述的「氫原子模型」，利用先前提到的 1s、2s 等

軌道。

氫原子　模型上等價　氦原子
電子(−)　質子(+)　電子　中子　質子

　　那麼，讓我們把2個電子放進這個模型看看吧。這時，我們會遇到一個問題。那就是1個軌道上，到底是像單人椅，1個位子只能坐入1個電子；或是像長椅一樣，可以一次容納好幾個電子。為了解決這個問題，澳大利亞裔的瑞士物理學家包立（1900～1958）於1925年，提出了**包立不相容原理**。

> 同一軌道上只能容納各1個自旋方向相反的電子，也就是最多2個電子。

　　直觀地說，就是1條軌道上只能「容納2個人」。換言之，就是1條軌道最多只能容納下自旋和上自旋的電子各1個。

上自旋　　　　下自旋

👆 **挑戰題**

〔問題〕請依照包立不相容原理，畫出穩定的氦原子的電子狀態（電子組態）。

[解]　1s軌道是能階最低的，所以只能放入1個上自旋電子和1個下自旋電子，共計2個電子（軌道是球形）。（答）

2s ——
1s ＋＋
能階

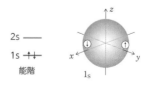

§62

洪德定則

—— 電子進入多個相同能量的軌道時的順位

　　在前一節（§61），我們介紹了電子進入原子軌道時，最基本的包立不相容原理。然而，光靠這個原理，無法決定原子序在碳以上的原子的電子組態。此時就輪到「洪德定則」登場了。

包立不相容原理只能確定硼以下的電子組態

　　讓我們利用包立不相容原理，把電子放進由氫原子模型得到的軌道吧。先來看看原子序。

元素週期表

族	1	2	3～12	13	14	15	16	17	18
週期 1	氫 ^{1}H								氦 ^{2}He
週期 2	鋰 ^{3}Li	鈹 ^{4}Be		硼 ^{5}B	碳 ^{6}C	氮 ^{7}N	氧 ^{8}O	氟 ^{9}F	氖 ^{10}Ne

　　首先是原子序為3的鋰（Li）。鋰是氦（He）原子得到1個電子的型態，順序是從能量低至高，所以要放入2s軌道。

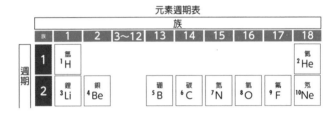

原子序2的「氦」的電子組態　　　　原子序3的「鋰」的電子組態

　　接著是原子序4的鈹（Be）。鈹比鋰（Li）又多1個電子，依能量低至高的順序，再放入1個自旋方向相反的電子至2s軌道。

然後，硼（B）也一樣，依照能階順序把新的電子放入2p軌道。

原子序4的「鈹」的電子組態

3s	——
2p	—— —— ——
2s	╫
1s	╫

原子序5的「硼」的電子組態

3s	——
2p	┼ —— ——
2s	╫
1s	╫

洪德定則

　　到硼為止，我們只要依循包立不相容原理，從能量低的軌道開始依序放入電子，就能順利排出各種原子的電子分布。然而，要從硼推出碳的電子組態時，就會遇上困難。因為有3種可能（下圖）。

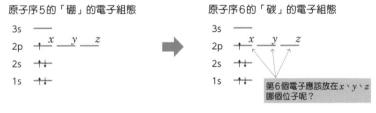

原子序5的「硼」的電子組態

3s	——
2p	$\overset{x}{┼} \quad \overset{y}{——} \quad \overset{z}{——}$
2s	╫
1s	╫

原子序6的「碳」的電子組態

3s	——
2p	$\overset{x}{┼} \quad \overset{y}{——} \quad \overset{z}{——}$
2s	╫
1s	╫

第6個電子應該放在x、y、z哪個位子呢？

　　另外，電子自旋的方向不明。

　　如圖所示，能階相同的2p軌道上，一共有3個狀態。這裡（使用磁量子數符號）我們將其命名為x、y、z。而硼的情況，我們假設x狀態有1個上自旋的電子。那麼，現在的問題是，第6個電子應該放在x、y、z哪個位子，自旋方向又應該往哪。對於這問題，德國物理學家洪德（1896〜1997）建立了俗稱**洪德定則**的以下經驗律。

> 在不違反包立不相容原理的前提下，2個以上的電子會進入磁量子數相異的軌道，且以自旋方向不成對的方式排列。

　　自旋方向成對的意思，就是像右圖那樣，2個自旋方向相反的電子在同一軌道上。

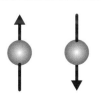

只要利用洪德定則，就能知道碳的第6個電子應該在2p的y（或z）軌道上，且自旋方向朝上。

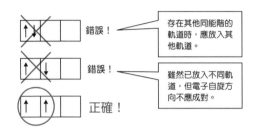

洪德定則
電子較容易以相同自旋方向進入不同軌道的規則。

如此一來，碳原子的電子組態就確定了。

原子序6的「碳」的電子組態

3s ——
2p ＋ ＋ ——
2s ＋＋
1s ＋＋

碳的電子組態
2p軌道上，2個電子軌道相異，自旋方向相同（不成對）。

接著再用同樣的方法，排出碳的下個原子序的氮（N）的電子組態吧。

洪德定則之所以有效，可解釋成是因為這樣排列，帶有相同的電荷的電子可有效率地互斥，保持穩定。然而，要注意也有例外。

挑戰題

〔問題〕請從電子組態分析鐵具有鐵磁性的原因。

[解] 鐵的電子組態如右圖。受洪德定則的
影響，最後2個電子會進入能階高的軌道。
如此一來，就會有4個上自旋的電子留在3d
軌道上。這使得鐵原子磁場方向整齊一致，
帶有很強的磁性。（答）

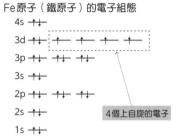

Fe原子（鐵原子）的電子組態

4個上自旋的電子

附註

玻色子和費米子

　　像電子這種遵循包立不相容原理的基本粒子稱為**費米子**。費米子的自旋已知為半整數（如$1/2$）。而另一種基本粒子則是**玻色子**。例如光的粒子（光子）就是其中代表。已知玻色子的自旋為大於0的整數。玻色子具有同一個位子可以容納好幾個玻色子的性質。

第6章　從量子的世界到相對論

62

洪德定則

§63

光速不變原理

—— 光速不論從哪個慣性系觀測都不變的神奇之處

　　要測量光速非常困難，但如果真的去測量，會發現不論站在哪個立場，測出來的速度都不會改變。這個事實的發現與愛因斯坦的相對論息息相關。

曾嘗試測量光速卻失敗的伽利略

　　古代的人們曾相信光的速度是無限大。然而，也有人勇敢地站出來挑戰這個常識。目前留下的紀錄中，最早挑戰這項常識的是伽利略。伽利略曾做了個實驗，自己在山頂上拿著一個用木桶罩住的提燈，讓助手到5km外的另一座山頭拿著另一盞提燈。然後指示他「一旦看到燈光就拿掉提燈上的木桶」。伽利略試圖用把木桶當成快門，測量提燈的光往返的時間差來測量光速。

　　然而，他的方法失敗了。因為區區10km的距離，光速往返一遍只需不到0.000033秒。人拿掉木桶的時間誤差還比這時間遠遠大得多。

伽利略的實驗
在2座山間，用提燈的燈火當訊號，測量光的速度。

第一個成功測出光速的羅默

　　丹麥天文學家羅默，於1676年在觀測木星及其衛星木衛一時，注意到木衛一被木星遮住的時間比原先預測的慢了一點點。於是羅默推測，這個

延遲就是光從木星抵達地球所需的時間。於是，人類第一次算出了光速。當時算出的光速比現代測出的要少了30%，但已是初次證明了光速有限的劃時代發現。

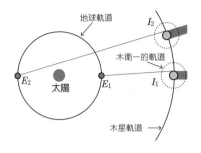

地球軌道

I_2

木衛一的軌道

E_2　太陽　E_1

I_1

木星軌道 →

羅默的測量
從木衛一在 I_1 被木星遮擋的時間來推算木衛一在 I_2 被遮擋的時間，觀測到的結果卻慢了一點。羅默推論這是因為光從 E_1 傳遞至 E_2 需要時間。

第一個在地球上測出光速的斐索

而第一個在地球上用實驗測出光速的則是法國的物理學家斐索。這是1849年的事。斐索的測量原理就跟伽利略相同。伽利略是用木桶充當光的快門，而斐索則是運用高速轉動的齒輪。

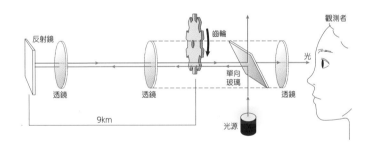

反射鏡　透鏡　透鏡　齒輪　單向玻璃　透鏡　光　觀測者

光源

9km

斐索在巴黎市內的蒙馬特和巴黎郊外的敘雷訥，相距約9km的兩地進行了實驗。他利用了當光通過齒輪再反射回來時，只有在適當轉速下，反射回來的光才不會被齒輪遮擋而被觀察到的原理。簡而言之，就是把伽利略實驗中的木桶改良成了齒輪。這時只要知道齒輪的齒數和轉速，就能求出光速。羅默用此方法算出的光速為每秒31萬3000km，與現代測出的每秒30萬km已相當接近。

乙太說

那麼，這裡稍微換個話題，光波究竟是以什麼為介質來傳遞的呢？就像音波是透過空氣，地震波是藉地殼，波的傳遞大多需要介質。所以會認為光也需要某種特別的媒介來傳遞，也是很正常的想法。而由此推論誕生的學說便是「乙太」（跟化學物的乙醚是不同東西，兩者的英文皆是ether）。這種學說認為宇宙充滿了乙太，而遠方的星光也是以此為介質來傳遞的。這是19世紀的一種思想。

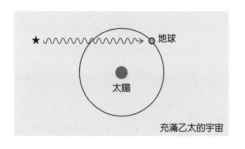

乙太說
認為光是透過乙太這種假想的介質來傳遞。

邁克生-莫雷實驗與光速不變原理

如果宇宙中真的充滿乙太，那麼有求知欲的人，自然會想知道地球相對於乙太到底是以多少速度在運動。而為了解開這問題，科學家邁克生和莫雷兩人進行了一場充滿野心的實驗。這是在1887年發生的事。

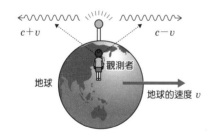

邁克生和莫雷的想法
兩人的疑問是如果乙太說屬實，則地球與乙太應該存在一個相對速度，那麼光朝不同方向移動，觀測到的速度應該也不一樣。圖中的 v 為地球對乙太的相對速度，c 為光速。

邁克生-莫雷實驗的原理如次頁所示。若地球在乙太中朝特定方向運動，那麼置於不同方向的2面鏡子 M_1 和 M_2 所反射出來的光，應該會存在時間差才對。換言之，就是利用光波的干涉現象（§24）來測量。

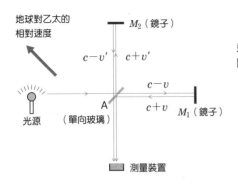

地球對乙太的
相對速度

M_2（鏡子）

$c-v'$ $c+v'$

$c-v$

A
（單向玻璃）

$c+v$ M_1（鏡子）

光源

測量裝置

邁克生-莫雷的實驗原理
圖中v、v'為地球對乙太的速度分量。

　　但實驗的結果，光沒有出現干涉，不論觀測儀器朝向哪邊，光速都沒有差異。就這樣，邁克生和莫雷發現了「光速不論在哪裡測量都固定不變」（**光速不變原理**）的神奇性質。至於這個神奇性質的原理，則要等到愛因斯坦的相對論提出後才被解開。

挑戰題

〔問題〕假設光在地球上的速度為c，則從等速直線運動的電車中測得的光速是多少？

［解］　根據光速不變原理，答案是「c」。（答）

附註

長度1 m的定義

　　現在，1公尺的定義是用光速決定的。以前則是用俗稱「公尺原器」的尺當基準。然而，物質的尺在不同溫度下，長度也會不同。因此，1983年國際度量衡委員會重新定義「1公尺＝光在真空中前進2億9979萬2458分之1秒的距離」。

§64

狹義相對論

—— 光速有限時不可或缺的理論

前一節介紹的光速不變原理（§63）在19世紀的物理學界引起了極大的震撼和困惑。而此時登場的救世主，就是愛因斯坦的狹義相對論。

伽利略相對性原理的破綻

用伽利略變換連結的慣性系，也就是在互相以等速度運動的不同慣性系中，描述自然界的方程式和定律也應該是一樣的。這就是**伽利略相對性原理**（§20）。然而，這個原理卻與光速不變原理互相矛盾。讓我們用下面的例題來解釋。

（例題）假設伽利略相對性原理成立，請問以50m/s通過月台的電車中的乘客用手電筒照射前方時，站在月台上的旅客觀察到的光速是多少？

[解] 假設光速為 c（m/s），則站在月台上的旅客觀測到的光速為 $c+50$。換言之，不同立場觀測到光速會不一樣。（答）

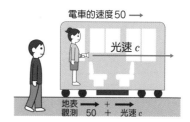

由這個例題可知，伽利略變換跟「光速不變原理」是衝突的。而化解了這個矛盾的，則是愛因斯坦提出的**狹義相對論**。簡單來說，愛因斯坦假設了下面2項命題。

(I) 所有的自然法則，在所有慣性系內都是一致的。
(II) 光速在所有慣性系內都相同。

前者就是**愛因斯坦的相對論**。乍看之下好像跟伽利略的相對性原理（§20）沒有兩樣，但愛因斯坦所說的自然法則卻包含了「光的世界」，跨出了飛躍性的一步。

愛因斯坦的相對論

愛因斯坦將相對性原理(I)擴張到光的世界。光屬於俗稱電磁波的電磁現象之一。主宰這個世界的基本原理乃是馬克士威方程組（§35）。而馬克士威方程組內含了光速不變定律。因此，為了不破壞馬克士威方程組的形式，愛因斯坦採用了**勞侖茲變換**來轉換不同慣性系（c 為光速）。

座標系O′相對座標系O朝 x 軸方向以等速 v 移動時，從座標系O觀察到的質點位置 x 和時間 t，以及從座標系O′觀察到的質點位置 x' 和時間 t' 之間，存在以下關係（假設 $t=0$ 時，兩座標系重疊一致）。

$$t' = \frac{1}{\sqrt{1-\dfrac{v^2}{c^2}}}\left(t-\frac{vx}{c^2}\right) , \quad x' = \frac{1}{\sqrt{1-\dfrac{v^2}{c^2}}}(x-vt) \ \cdots (1)$$

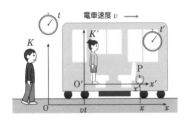

伽利略變換
$$x'=x-vt，t'=t$$

對從 2 個座標系O、O′觀測到的蘋果的位置P，分別套用伽利略變換和勞侖茲變換。後者要注意時間和空間是混合的。

勞侖茲變換
$$t' = \gamma\left(t-\frac{vx}{c^2}\right) \qquad x'=\gamma(x-vt)$$
此時 $\gamma = \dfrac{1}{\sqrt{1-\dfrac{v^2}{c^2}}}$

64 第6章 從量子的世界到相對論
狹義相對論

科學界已證明了這個變換不會改變馬克士威方程組的形式。也就是說,對慣性系的變換使用勞侖茲變換,可以同時確保光速不變原理。

時間和空間混合

　　讓我們用座標平面表現勞侖茲變換的公式看看。若點P在座標系O中的座標是(x, t),在座標系O'中是(x', t'),則座標圖可表現成右上圖。由此圖可看出,在勞侖茲變換中,時間是跟空間混在一起的。違背了「時間不論如何計算都一樣」的常識。

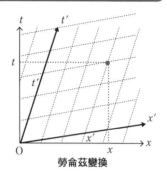

勞侖茲變換

　　另外,速度v相對於光速很小的時候(即v/c可看成0的時候),勞侖茲變換跟伽利略變換是一致的。右下的圖即是採用伽利略變換時,座標平面的變換情形。在這個變換中,注意$t'=t$。

伽利略變換

同時的相對性

　　狹義相對論提出了許多與日常經驗背離的結論。其中最容易理解的就是俗稱**同時的相對性**的結論。

　　現在,想像有一輛以等速朝右邊作直線運動的電車。當時鐘指到正午12點時,位於車廂正中央的電燈就會亮起。首先從乘客的角度來看。理所當然地,光會同時抵達前後兩端的牆壁。

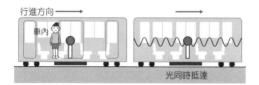

行進方向 ➡

車內

光同時抵達

車內的座標系
從車內的人看來,光是同時抵達兩邊的牆。

接著，換從地面上的角度來觀察。由於車廂外的光速跟車廂內的光速是一樣的（光速不變原理），所以跟上面一樣，點亮位於車廂正中央的燈時，因為列車正朝右方運動，所以光會先到達車廂左邊的底牆（下圖中央）。然後慢一點才碰到右側的底牆（下圖右）。從車內看來明明是同時抵達的現象，從地面上看來卻不是同時。

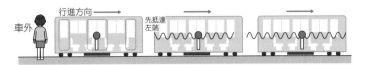

地表的座標系
從地面上的人看來，光會先到達相對行進方向在後方的牆，然後才到達前方的牆。光並沒有同時到達兩邊的牆。

這個結論，只能用車廂和地面上各有不同的時間流速來解釋。在日常生活中，電車的乘客之所以可以用車站的時鐘來對錶，是因為光速相對於電車的速度近乎無限大的緣故。但嚴格說來，在地面上、電車內或飛機上，每個座標系都有各自的時間流速。

挑戰題

〔問題〕上述的電車思考實驗中，請問在地面上的人看來，列車頭和列車尾，哪邊的「時間」流速比較快？

[解] 由圖可知，列車尾的時間流速比較快。換言之，電車內的時間，從車外看來會因位置和前進方向而異。（答）

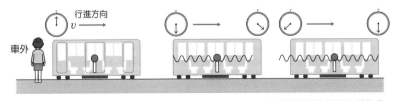

車尾和車頭的時間分別是？

§65

勞侖茲收縮與時間膨脹
—— 移動中的物體看起來會變短的奇妙現象

在前一節中，我們認識了相對論建立在2項前提上。

(I)自然法則無論在哪個慣性系中都相同的「相對性原理」。

(II) 光速在所有慣性系中都一樣的「光速不變原理」。

若承認這兩點，那麼時間和空間就不再是獨立不相干的事物了。

勞侖茲收縮的意義

現在，想像有個以等速 v 作直線運動的電車。我們先從乘客的角度來思考。點亮位於該列車正中央的電燈，當光同時到達前後兩端的牆面時，讓站在前後兩端的乘客各自往車外插一支旗子。

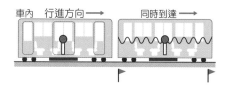

電車中
中央的光同時抵達兩側。

這個現象從地面上的人看來，由於光速在地表跟在車內是相同的（光速不變原理），所以車廂中央的電燈亮起時，由於電車向右運動，故光會先到達左端（中央圖），在車輛左邊的地上插旗，然後過一會兒後光才到達右邊（右圖）。

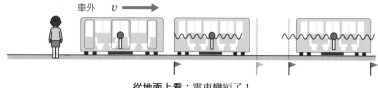

從地面上看：電車變短了！

此時，在2支旗子插下去的過程中，車廂的位置一定是在2支旗子之間。換言之，車廂的長度變短了！若承認相對論的正確性，那麼相對移動中的物體，看起來會比靜止時更短。這就叫**勞侖茲收縮**。

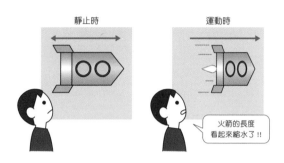

靜止時　　　　　　　　運動時

火箭的長度
看起來縮水了!!

時間的膨脹

在開始介紹勞侖茲收縮的公式前，我們先來討論一下「時間的膨脹」。這也是研究相對論時非常熱門的題目。

跟前面一樣，我們繼續用電車實驗來思考。假設電車正中央的天花板上有一光源，在光源正下方貼一面鏡子，然後讓光朝正下方照射，測量光線反射回光源的時間。

首先，從坐在車上，相對月台作等速運動的乘客的角度來思考。假設天花板的高度為 L，光速為 c，光從天花板走到鏡子所需的時間為 T'，則對乘客而言所見的情況可用右圖表示。

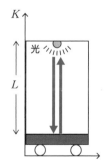

光來回一趟的時間為 $2T' = \dfrac{2L}{c}$ … (1)

接著換從地面上的人的角度來看。

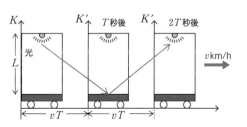

K　　　　K'　T秒後　　K'　2T秒後

光

L

v km/h

vT　　　vT

地表
光走完單程所需的時間 T 內，
列車前進的距離為 vT。

從前一頁的敘述，根據三平方定理，假設光從天花板走到鏡子所需的時間為T，則

　　　　$(cT)^2 = L^2 + (vT)^2$

（注）由於沒有垂直方向的動量，所以假定長L為固定值。

　　根據此式和（1），可求出T和T'的關係。

來回時間 $2T = \dfrac{2L}{\sqrt{c^2 - v^2}} = \dfrac{2L}{c\sqrt{1 - \dfrac{v^2}{c^2}}} = \dfrac{2T'}{\sqrt{1 - \dfrac{v^2}{c^2}}}$

　　同樣是光在天花板和地面來回一趟的現象，車內的人感受到的時間為$2T'$，車外的人感受到的時間卻是$2T$。由此式可知，$2T'$的值比較小。換言之坐在移動電車內的人的時間，在電車外的人看來是比較緩慢的。這就叫**時間的膨脹**。

慣性系K的時間T，跟相對慣性系K以等速度v運動的系統K'的時間T'之間，存在以下關係。其中c為光速。

$$T' = \sqrt{1 - \dfrac{v^2}{c^2}}\, T \cdots (2)$$

　　移動中的人的手錶，在停止不動的人看來會比自己的手錶慢$1/\sqrt{1 - \dfrac{v^2}{c^2}}$倍。有的科幻小說中，描寫坐太空船旅行的人回到地球時發現人事全非的情節，就是根據這個理論。

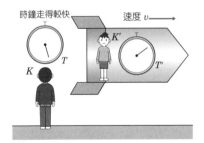

時鐘走得較快　　速度v

時間的膨脹
移動中的時鐘，走得會比靜止的時鐘更慢。

$$T' = \sqrt{1 - \dfrac{v^2}{c^2}}\, T$$

勞侖茲收縮的公式

那麼話題回到勞侖茲收縮。來算算看勞侖茲收縮中長度究竟具體縮短了多少吧。跟前面同樣用電車的實驗來思考。這次改成從電車的後方，用光照射位於電車前方的鏡子，然後測量光反射回車廂後方的牆壁時所需的時間。假設電車相對於車外系統 K 以等速 v 作直線運動。

首先，從車內乘客的立場 K' 來思考。若光速為 c，車廂長度為 L'，光的往返時間為 $\Delta t'$，則計算方式如下。

$$\Delta t' = \frac{2L'}{c} \cdots (3)$$

電車中
光的往返時間為 $2\frac{L'}{c}$。

然後再從車外系統 K 的人的角度來觀察。假設車廂長為 L，光沿車輛前進方向到達前方牆面所需的時間為 t_1，反射回到後方牆面所需的時間為 t_2。則 t_1、t_2 具有以下關係。

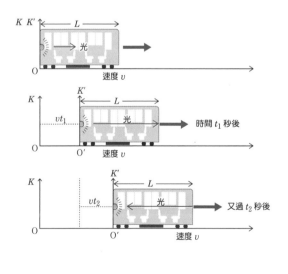

地表
光向前照射。

光前進單程所需的時間 t_1 間，電車前進了 vt_1。

光回程所需的時間 t_2 間，電車前進了 vt_2。

65 第6章 從量子的世界到相對論 勞侖茲收縮與時間膨脹

$$ct_1 = L + vt_1 \text{、} ct_2 = L - vt_2$$

由上式整理得到 $t_1 = \dfrac{L}{c-v}$ 、$t_2 = \dfrac{L}{c+v}$

於是，就能用下面的式子計算出往返時間 Δt。

$$\Delta t = \frac{L}{c-v} + \frac{L}{c+v} = \frac{2Lc}{c^2-v^2}$$

接著用（3）的 $\Delta t' = \dfrac{2L'}{c}$ 對此式約分，

$$\frac{\Delta t}{\Delta t'} = \frac{2Lc}{c^2-v^2} \div \frac{2L'}{c} = \frac{c^2}{c^2-v^2} \cdot \frac{L}{L'} = \frac{1}{1-\dfrac{v^2}{c^2}} \cdot \frac{L}{L'}$$

根據前面的時間膨脹公式（2），因為左邊為 $\dfrac{1}{\sqrt{1-\dfrac{v^2}{c^2}}}$，故

$$\frac{1}{\sqrt{1-\dfrac{v^2}{c^2}}} = \frac{1}{1-\dfrac{v^2}{c^2}} \cdot \frac{L}{L'}$$

以上整理後，就能表現成下面的形式。這個式子就是**勞侖茲收縮公式**。

假設一沿慣性系 K 的 x 軸方向作等速運動的慣性系 K'。K' 的 x 軸方向長 L'，在慣性系 K 中觀測的長為 L 時：

$$L = \sqrt{1-\frac{v^2}{c^2}}\, L' \quad （c\,\text{為光速}）$$

移動中的列車長度 L 比靜止時的長度 L' 看起來短 $\sqrt{1-\dfrac{v^2}{c^2}}$ 倍。

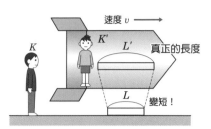

勞侖茲收縮的公式

火箭外的人觀測到的木棒長度L，比火箭中（靜止系）觀測到的木棒長度L'更短。左圖純粹是概念的示意圖，並非同時測量出的長度。

挑戰題

〔問題〕以秒速60m（時速216km）行駛，全長400m的新幹線，從車站月台看來會比靜止時短多少呢？假設光速為3×10^8m/s。

[解]　新幹線的全長$= \sqrt{1 - \dfrac{60^2}{(3 \times 10^8)^2}} \times 400 \fallingdotseq 400(1 - 2 \times 10^{-14})$ m

換言之看起來短了8×10^{-12}m。（答）

附註

緲子的壽命

地球隨時都沐浴在宇宙射線下。而這些宇宙射線在進入大氣層的時候，會產生名稱為緲子的基本粒子，降落到地表。緲子曾被用來拍攝福島第一核電廠的原子爐內的情況，因而在當時被日本的報章媒體介紹過。緲子在靜止的時候，壽命只有2×10^{-6}秒。這麼短的時間，就連光速也只能前進短短600公尺；但緲子卻能憑這麼短的壽命，從大氣層降落到地表。箇中原理就是因為「時間的膨脹」(2)。

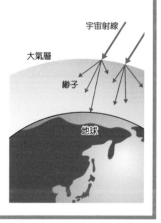

質量增大公式

—— 帶有質量的物質無法到達光速的原因

本節要介紹下面俗稱**質量增大定律**的公式。

> 在慣性系 K' 中靜止不動、質量為 m_0 的物體,在相對於該系統以等速度 v 移動的慣性系 K 中觀察時的質量 m,可表示成以下關係式。
>
> $$m = \frac{1}{\sqrt{1-\dfrac{v^2}{c^2}}} m_0 \quad (c\ 為光速) \cdots (1)$$

在相對地球以一半光速（$=c/2$）飛行的太空船上,有1顆質量100g的蘋果。這顆蘋果在地球上的人看來,質量如下。

$$m = \frac{1}{\sqrt{1-\dfrac{\left(\dfrac{c}{2}\right)^2}{c^2}}} \times 100 = \frac{1}{\dfrac{\sqrt{3}}{2}} \times 100$$
$$= 115.5\ \text{g}$$

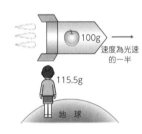

速度為光速的一半

115.5g

地 球

質量增大公式的推導

要推導出公式（1）,我們可以用可視同慣性系的地表 K,跟相對 K 以等速度 v 朝右方前進的電車 K' 來思考。

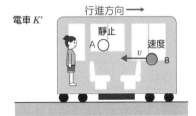

電車 K'

行進方向 ⟶

靜止 A ○

速度 v B

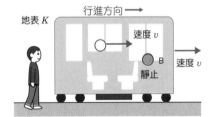

地表 K

行進方向 ⟶

速度 v ○

B 速度 v

靜止

在電車中的系統 K' 內，用一個速度 v 的質點B，撞擊靜止的質點A。2個質點在靜止時的質量同為 m_0（物理學上叫**靜止質量**），衝撞結果只是輕微擦過，換言之被撞到的質點A只是輕輕沿垂直方向滾出。

首先，從電車 K' 的角度來看這場衝撞。

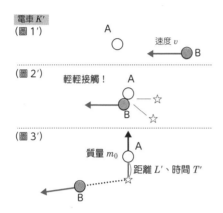

電車 K'
（圖 1'）
A
速度 v
B

（圖 2'）
輕輕接觸！　A
☆
B
☆

（圖 3'）
質量 m_0　A
距離 L'、時間 T'
☆
B

電車中 K'
圖1'中，質點B以速度 v 自右方水平撞擊靜止的質點A。
圖2'中，被撞上的A得到動量。
圖3'中，B飛了出去，A則以近乎垂直的角度往正上方慢慢移動。

此時，假設衝撞後A的縱向動量大小為 P_A'，B的縱向動量大小為 P_B'，根據動量守恆定律：

$$P_A' = P_B' \cdots (2)$$

假設從圖2'到圖3'的時間為 T'，A的移動距離為 L'。因朝紙面縱向移動的加速度幾乎為0，可以使用古典力學的公式，所以縱向的動量（質量×速度）的大小可表示如下。

$$（車內）A的縱向動量大小 \quad P_A' = m_0 \times \frac{L'}{T'} \cdots (3)$$

接著，我們再從地面上來看這場衝撞。

📝 **附註**

光速無法被超越！

只要觀察公式（1）就會知道，物體運動的速度愈接近 c，分母愈接近0，質量 m 也會無限變大。此時要令物體加速，所需的力也會無限增加。故可知「現實中的物體不可能超越光速！」。

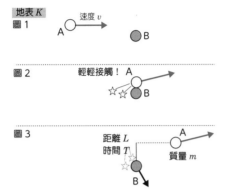

地表 K

圖1

速度 v

A ○　　　● B

圖2

輕輕接觸！ A

☆☆ ● B

圖3

距離 L
時間 T ☆　　　　　○ A

質量 m

● B

地表 K

圖1中，質點A以速度v自左方水平撞擊靜止的質點B。

圖2中，被撞上的B得到動量。

圖3中，A飛了出去，B則以近乎垂直的角度往正下方慢慢移動。

從地面上看，看起來會像是質點A自左方沿水平方向去撞靜止的質點B。此時，假設衝撞後的A的縱向動量大小為P_A，B的縱向動量大小為P_B，根據動量守恆定律：

$$P_A = P_B \cdots (4)$$

假設由圖2到圖3的時間為T，B的移動距離為L，因朝紙面縱向移動的加速度幾乎為0，可使用古典力學的公式，故縱向的動量（質量×速度）的大小可表示如下。

$$（地表）A的縱向動量\ P_A = m \times \frac{L}{T} \cdots (5)$$

這裡要注意，m是在地面上觀測到的質量。

接著，相信從上面的圖就能看出來，在地面上觀察到的衝撞，跟在電車內看到的衝撞，只要換個方向後就是完全相同的現象。質點A的動量和質點B的動量完全對稱。因此，如果只考慮大小，則A的縱向動量可成立以下關係。

$$P_A' = P_B \cdots (6)$$

根據(2)(4)(6)，$P_A = P_A' \cdots (7)$

再將(3)(5)(7)整理後，可得 $m_0 \times \dfrac{L'}{T'} = m \times \dfrac{L}{T} \cdots (8)$

又因為電車是以等速度v朝右方移動，所以可得出以下關係。

$$L = L'（縱向沒有勞侖茲收縮）\cdots (9)$$

$$T = \frac{1}{\sqrt{1-\frac{v^2}{c^2}}} T' \quad (\S65 「時間膨脹」的公式) \cdots (10)$$

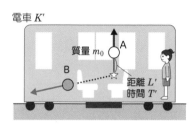

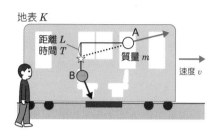

將 (9) (10) 代入 (8)，$m_0 \times \dfrac{L'}{T'} = m \times \dfrac{\sqrt{1-\frac{v^2}{c^2}} L'}{T'}$ $\cdots$ (11)

　　這樣子，就能得到一開始介紹的「質量增大公式」了。移動中物體的質量，感覺起來會比較「重」。

$$m = \frac{1}{\sqrt{1-\frac{v^2}{c^2}}} m_0 \cdots (1) （同前）$$

挑戰題

〔問題〕質量100kg的人搭乘秒速60m（時速216km）的新幹線時，請問從車外看來此人的質量是多少？假設光速為每秒3×10^8m。

〔解〕 $\dfrac{1}{\sqrt{1-\frac{v^2}{c^2}}} = \dfrac{1}{\sqrt{1-\frac{60^2}{(3\times10^8)^2}}} \fallingdotseq 1+2\times10^{-14}$ 倍

換言之，增加了100kg$\times 2\times10^{-14} = 2\times10^{-12}$ kg 。（答）

愛因斯坦質能互換公式

$E = mc^2$

—— 核子彈和核能發電的原理

　　太陽燃燒、核彈爆炸，以及核能發電廠發電的原理，全都是基於下面這個愛因斯坦質能互換公式。

質量m帶有能量E，$E = mc^2$　（c為光速）… （1）

　　（例題）太陽是靠4個氫原子合成1個氦原子的核融合反應在燃燒的。已知核融合反應的過程，物質質量會減少0.7%。請問100g的氫可產生的能量E是多少？假設光速為每秒3×10^8m。

　　[解]　100g的氫有0.7%＝0.0007kg轉換成能量，故

$$E = mc^2 = 0.0007 \times (3 \times 10^8)^2 = 6.3 \times 10^{13} \text{J （答）}$$

　　1卡為4.2焦耳，故相當於將裝滿東京巨蛋的水（＝124萬m^3）加溫約12℃的能量。

推導 $E = mc^2$

　　要推導出公式（1），我們可以用可視作慣性系的地表K，以及相對K以微小等速度（大小為u）朝紙面右方行走的電車來想。

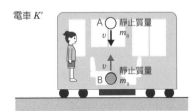
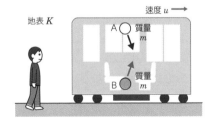

假設電車內的坐標系 K' 中，有2個靜止質量 m_0 的質點A、B，以速度 v 以垂直方向彼此對撞（左圖）。衝撞後，兩質點合體靜止不動。假設合體後的質量為 M_0。首先從電車 K' 來看看這個衝撞現象。

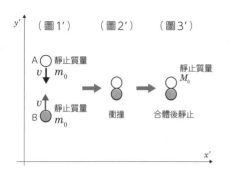

電車 K' 上觀測到的衝突現象
帶有靜止質量 M_0 的質點A、B相撞後合體靜止。此時合體後的質量為 M_0（$\doteqdot 2m_0$）。

　　從地表 K 的觀點來觀察的話。假設此時觀測到的A、B質量為 m。因電車以微小速度（大小為 u）朝右邊移動，故A、B的速度如下圖右邊所示，等同箭號 w 的長度。

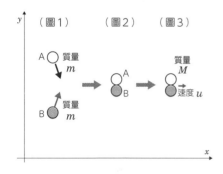

地表 K 觀測到的衝突現象

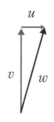

　　根據質量增大公式（§66）和 u 的值非常小的假設，m_0、m 成立以下關係。

$$m = \frac{1}{\sqrt{1-\dfrac{v^2}{c^2}}}m_0 \cdots (1)$$

然後，根據紙面橫方向的動量守恆定律，假設合體質點粒子的質量為M，則以下關係式成立。

$$mu + mu = Mu$$

此時因為電車的速度u很微小，所以合體質點粒子M的質量可當成靜止質量M_0，

$$2m = M_0 \cdots (2)$$

假設衝撞前各質點所帶（含內能）的總能量為E，衝撞後的合體粒子的（含內能）總能量為E_0，則根據（座標系K看到的）系統整體的能量守恆定律，

$$2E = E_0 \cdots (3)$$

將式（3）除以式（2），可得到以下關係式。

$$\frac{E}{m} = \frac{E_0}{M_0}$$

衝撞前後的總能量除以質量所得的值是固定的。換言之，「總能量與質量成正比」。也就是說，

$$E = km，E_0 = kM_0 \quad （k為常數）\cdots (4)$$

解出這個比例常數（參照〔附註〕）後，可得到c^2的值。

$$k = c^2 \cdots (5)$$

然後，這樣就可以求出下面的**愛因斯坦質能互換公式**了。這是相對論中最有名的一個公式。

$$E = mc^2 \quad （c為光速）\cdots (1)（同前）$$

👉 **挑戰題**

〔問題〕將1g的水全部轉換成能量時，請問可得到幾卡的能量？假設光速為每秒3×10^8m。

〔解〕 $mc^2 = 0.001 \times (3 \times 10^8)^2 = 0.001 \times (3 \times 10^8)^2 / 4.2$卡

計算後，答案為$(9/4.2) \times 10^{13} = 2.14 \times 10^{13}$卡。相當於可將裝滿東京巨蛋的水（= 124萬$m^3$）加溫約17℃的能量。（答）

附註

計算總能量的公式 $E=km$ 的比例係數 k

1個粒子所帶的總能量可用下面的公式表示,這點我們在本文(公式(4))推導出來了。接著就來算算看這個比例常數 k 到底是多少吧。

$E=km$(k 為常數)… ⅰ

最簡單的方法就是用古典力學。古典力學中,質量 m 的靜止粒子速度變成 v 時,能量會增加 $\frac{1}{2}mv^2$。假設靜止時的質量為 m_1,總能量為 E_1;速度為 v 時的質量為 m_2,總能量為 E_2,則根據能量守恆定律,

$$\frac{1}{2}m_2v^2 = E_2 - E_1$$

接著再從本式跟ⅰ,

$$\frac{1}{2}m_2v^2 = k(m_2 - m_1) \cdots \text{(ⅱ)}$$

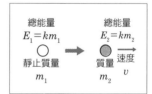

然後,再用質量增大公式(前節§66(1))

$$m_2 = \frac{1}{\sqrt{1 - \dfrac{v^2}{c^2}}}m_1 \quad (c\text{ 為光速})$$

求 v,得到 $v^2 = \dfrac{m_2{}^2 - m_1{}^2}{m_2{}^2}c^2$

將此式代入上面(ⅱ)的左邊,約分兩側的 $m_2 - m_1$,整理之後就是:

$$k = \frac{m_2 + m_1}{2m_2}c^2$$

因為是用古典力學的世界去解的,所以 m_2、m_1 當成一樣的東西。因此可再進一步約分:

$$k = c^2$$

於是我們就得到本文的公式(5)了。

愛因斯坦質能互換公式 $E=mc^2$

廣義相對論
—— 黑洞等宇宙論的基本理論

　　愛因斯坦以光速對所有觀測者而言都固定不變為前提，建立了一個物理定律不論在哪個慣性系中都具有相同表述形式的理論。但因為這個理論沒有把重力考慮在內，所以被稱為**狹義相對論**。後來愛因斯坦又進一步思考，在1916年發表了包含重力的理論。這就是**廣義相對論**。

慣性力與重力相似

　　公車剎車的時候，車內的乘客會感受到作用力。明明沒有任何外力作用在乘客身上，乘客卻感受到了向前的推力。這種看似存在實際卻不存在的力，就叫**慣性力**（§11）。慣性力與質量成正比。因此，公車急煞的時候，胖子感受到的慣性力會比瘦子更大。

胖的人感受到的慣性力比瘦的人大。

等效原理

　　重力與質量成正比。所以2kg的鐵球所受的重力是1kg鐵球的2倍。這個性質跟慣性力的性質完全一樣。故愛因斯坦在這個性質上，做了以下的思考實現。一個人搭乘電梯的時候，把吊著電梯的纜繩剪斷。此時電梯會開始向下自由落體，從乘客的角度，重力就像消失了一樣。從電梯外來

看，電梯明明是做等加速度運動，但對乘客而言感覺卻像在慣性系裡面。

電梯思考實驗
站在靜止電梯內的乘客確實感覺到了蘋果的重量（圖1）。但割斷纜繩後，乘客就感覺不到蘋果的重量（圖2），此時電梯內的空間對乘客而言應該就像慣性系。

那麼在這個下墜的電梯裡，物理定律應該如何表述呢？愛因斯坦的結論如下。

「電梯中的物理定律跟慣性系一致。」

也就是說，重力消失了。重力就像慣性力一樣，會隨著觀測者的立場而消失。這個重力跟慣性一致的概念，叫做**等效原理**。而將等效原理改成更加普遍化的描述後，就是下面的**廣義相對性原則**了。

> 物理定律在所有坐標系中的表述形式都相同。

這句話其實就是把狹義相對論中「所有慣性系」這句話，改成包含加速系統的「所有坐標系」而已。順著這個命題，愛因斯坦整理了過去的物理定律，完成了**廣義相對論**這個壯闊的理論。

由愛因斯坦奠定的相對論，成為後來天文學的發展基礎。現代人類之所以討論宇宙整體的圖像，都是多虧了廣義相對論。

光線因重力而轉彎

廣義相對論中最有名的命題之一，就是「光會被重力扭曲」。讓我們重新回到剛才自由落體的電梯實驗，再次切斷纜繩。

若廣義相對論正確，那麼在下墜的電梯中，光應該仍是直線前進的。然而，在電梯外的觀測者眼中，電梯是以等加速度下墜的。所以，電梯內

的光從電梯外看來將是彎曲前進的。而這就顛覆了「光是直線前進」這樣
自古以來的常識。

電梯實驗
自由落體中的電梯，對乘客而言就是沒有重力的慣性系。而光在慣性系統中會直線前進。但在可感受到重力的電梯外的人看來，光線卻跟著電梯一起轉彎。

　　光線轉彎的現象在光從空氣通過水和玻璃時也會發生。因此，電梯內
的光線彎曲，可以想成是重力改變了空間的性質。而愛因斯坦將此描述為
重力扭曲了空間。

廣義相對論和天文學

　　光線被重力扭曲的現象，近年已觀測到許多證據。例如天文學中便存
在俗稱重力透鏡的現象。也就是原本只有一個的星星或星系，因光線抵達
地球的路徑上，被另一個巨大星系扭曲了空間，看起來變成好幾個的現
象。

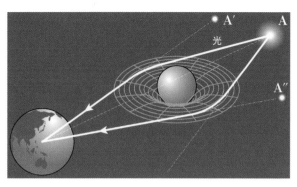
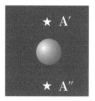

從地球上看到的
是2顆星星。

重力透鏡效應
光被重力吸引而彎曲。重力透鏡效應描述的就是這種現象。如上圖所示，
同一顆星星在重力影響下看起來會變成2顆。

廣義相對論是每天都會接觸到的存在

　　我們平常使用汽車導航系統，就運用了愛因斯坦的相對論。車載導航
系統會接收來自多個GPS衛星的電波，藉由各個電波的時間差來計算距
離，再用三角測量法判斷所在位置。不過，導航系統在開發之初，卻遇到
了預期外的偏誤問題。而後來解決這問題的就是狹義和廣義相對論。一如
這2個理論的預言，由於GPS衛星是在地球的引力圈內高速飛行，所以時
間的流速跟地表存在些許差異。因此，現在的汽車導航系統內，都加裝了
運用相對論的校準功能。

挑戰題

〔問題〕如果不用相對論進行校準，車載導航系統每天大約會產生38
微秒的偏誤。若有一天不進行任何校正，持續依照導航指示行駛的話，
請問換算後導航的目的地會偏離原本目的地幾km？

[解]　1天偏離38微秒，而光速為30萬km/s，所以是
　　　38微秒×30萬km/s≒11km（答）

§69

赫羅圖

—— 了解恆星演化和測量宇宙距離不可或缺的相關圖

本節要介紹的是日本高中的地球科學課程必教的主題**赫羅圖**。赫羅圖通常又縮寫成**H-R圖**,可說是整個宇宙定律的濃縮。

用普森比例計算「星等」

西元前150年左右,希臘天文學家喜帕恰斯將夜空中最亮的星辰定義為1等星,第二亮的定義為2等星,而肉眼可見最暗的星星則是6等星。這就是星等的起源。

1850年前後,英國天文學家普森嘗試將原本主觀經驗式的星等定義改用數學式表示,重新用對數定義了星等的尺度。簡單來說,他將1等星的亮度精準定義為6等星亮度的100倍。

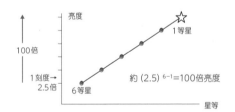

普森定義下的星等

根據這個定義,若m_1等級的星星亮度為l_1,m_2等級的星星亮度為l_2,則星星的亮度比和星等差具有以下關係。

$$\frac{l_1}{l_2} = 100^{\frac{m_2-m_1}{5}} \quad (用對數表示的話,則是 \quad m_2 - m_1 = 2.5\log\frac{l_1}{l_2} \quad)$$

這個比例就叫**普森比例**。

但因為這條關係式只定義了亮度比和星等差的關係，所以還需要1顆作為亮度標準的星星。而普森是以天琴座的織女一為0.0星等，當成亮度的標準。

這樣定義後，就能連續定義恆星的亮度。例如全天空最亮的大犬座天狼星為-1.4星等。

絕對星等——10秒差距時的亮度

製作赫羅圖時，必須用絕對星等來表示恆星的亮度。

普森定義的星等，是恆星之間的相對亮度。所以距離遙遠的恆星再怎麼亮，在地球看來依然很暗；相反地距離相近的恆星就算亮度不高，看起來也會很亮。因此，若想知道恆星真實的亮度，必須把它們放在同一距離上測量才有意義。而用這種方式測得的恆星亮度等級就叫**絕對星等**。具體的測量方式，就是將恆星移動到離地球10個秒差距（約32.6光年）的位置後，再用普森定義的亮度等級來比較。

絕對星等
將恆星移動至距離地球10個秒差距（32.6光年）時所見的亮度等級。

（注）1個秒差距（pc）就是恆星視差（§70）為1秒角時的距離，相當於3.26光年。下表為夜空中代表性恆星的絕對星等。

恆星名	星座名	絕對星等	視星等	距離（pc）
織女一	天琴座	0.5	0.0	7
心宿二	天蠍座	−4.7	1.0	150
參宿四	獵戶座	−5.6	0.4	150
天狼星	大犬座	1.4	−1.4	2
北極星	小熊座	−4.6	1.9	120
畢宿五	金牛座	−0.3	0.8	18
角宿一	處女座	−3.5	0.9	79
太陽	—	4.8	−26.7	1億4960萬km

恆星表面的溫度可從顏色得知

製作赫羅圖時，還必須知道恆星的表面溫度。因為不可能拿著溫度計跑到幾光年外的恆星上去測量，所以天文學家們想出了一個可以從地球上測出恆星表面溫度的方法。那就是觀察恆星的顏色。眾所周知，物體發熱時，愈低溫則顏色愈紅，愈高溫顏色愈藍。天文學家們利用的正是這個特性。

溫度	25000	10700	7500	6000	4900	3400
光譜型	B	A	F	G	K	M
顏色	藍白		白	黃	橘	紅

顏色與溫度
恆星的顏色按照恆星光譜分為B～M幾類。愈紅則表面溫度愈低，愈藍則表面溫度愈高。

赫羅圖意味著什麼？

到此預備知識就都準備完成了。接著讓我們用天文望遠鏡觀察宇宙中的天體，以絕對星等為縱軸，以光譜型為橫軸，將夜空中各恆星畫入座標內。如此畫出來的圖，就是**赫羅圖（H-R圖）**。

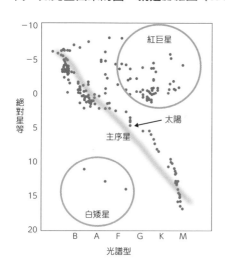

赫羅圖（H-R圖）
以絕對星等為縱軸，光譜型（恆星的表面溫度）為橫軸，將天空各星畫入座標後的圖。

從赫羅圖上，可看到恆星被分成了3個組別。如同前頁的圖所示，分別為**主序星**、**紅巨星**、**白矮星**。大部分的恆星都在主序星這條帶上，紅巨星和白矮星的比例很低。太陽也位在主序帶的正中央附近。

主序星的數量明顯為多數的原因，現代天文學已經解開。這是因為恆星的一生大部分都是主序星的階段，而紅巨星和白矮星則是主序星演化後的階段。

👆 **挑戰題**

〔問題〕根據目前科學家們的推論，紅巨星的大小應比主序星更大。而白矮星則比主序星更小。請問這是為什麼呢？

[解] 在赫羅圖上，比較與紅巨星表面溫度相同的主序星。表面溫度相同，代表每單位面積的亮度相同。然而紅巨星卻看起來卻更亮（絕對星等較小），代表紅巨星的體積應該較巨大。同樣地，比較白矮星跟相同表面溫度的主序星，白矮星看起來較暗（絕對星等較大），同樣道理意味著白矮星體積可能小很多。（答）

§70

哈伯定律
—— 宇宙創生的基礎劇本

　　1633年，伽利略提出「地動說」時，認為太陽是宇宙的中心。直到後來地動說逐漸被大部分人接受後，科學家們依然以為太陽是宇宙中心。但就在此時，一個理論在科學界引起了革命。那就是「宇宙會膨脹」的觀點，不僅如此，「離我們愈遠的星系，遠離我們的速度就愈快」。第一個提出這項主張的乃是美國天文學家哈伯（1889～1953）。本節就來看看哈伯的理論吧。

思考宇宙的形狀

　　第一個有意識地觀測宇宙形狀的，應屬出生於德國，後來移居英國的天文學家赫雪爾（1738～1822）。他測量出看起來貼在天球上的恆星，實際上各自的距離都不相同，呈現圓盤狀的結構。這就是銀河系的發現。

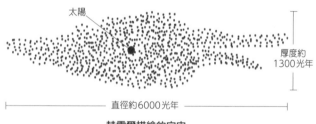

太陽

厚度約
1300光年

直徑約6000光年

赫雪爾描繪的宇宙

　　然而，赫雪爾在發現銀河系後，仍以為太陽是銀河系的中心。而第一個打破太陽中心論的，是美國天文學家沙普利。他測出銀河的中心位在太陽約5萬光年外的位置，射手座的方向上（1918年）。所以太陽並不是宇宙的中心。

　　在那不久後，高性能望遠鏡一座座地完工，人類對星體的理解也重新

得到整理。同時，天文學家們也發現除了銀河系外，宇宙中還存在很多其他的星系。而哈伯也是其中的先驅之一。

測量遠方天體距離的方法

話說回來，當時的科學家們又是如何測量出遙遠星系和我們的距離的呢？較近的星體可以運用三角測量法。例如測量下圖中俗稱為**恆星視差**，恆星在不同季節時的方位差異，再利用三角函數推算出距離。

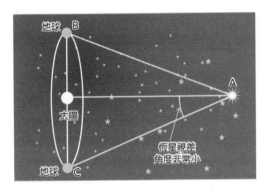

利用恆星視差測量距離
若距離在100光年內，便可用此方法量出距離。然而，對於幾億光年外的星體不可能用此方法。

但利用恆星視差測距的方法，並不能用在遙遠的恆星或星系上。所以這個時候，就要用到赫羅圖（§69）。

即使是很遙遠的星體，只要觀察恆星的光譜，就能知道該恆星的表面溫度。因此，我們可以用赫羅圖推知該星體的絕對星等（右圖）。只要知道絕對星等，便可利用光的強度與距離平方成反比的定律，算出與星體之間的距離。

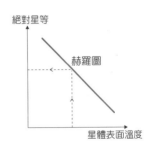

而更遙遠的星系，則可用**變星**來計算距離。

所謂變星就是亮度會週期性變化的星體，例如科學家已發現**造父變星**這種變星，只要亮度的變化週期相同，變星的亮度也會相同，且變化週期愈長，亮度就愈高。而這個週期和亮度之間的關係，則叫**周光關係**。

只要利用這個關係，找出星系內的造父變星，測量其週期，便可知道

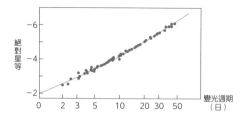

周光關係
造父變星可從變光週期得知星體的亮度。

該變星的絕對星等。如此一來，就能跟赫羅圖一樣，推算出遙遠星系的距離。

紅移

　　對於恆星是否貼在宇宙上抱持疑惑的哈伯，又進一步觀測星體的速度。他利用了都卜勒效應（§23）來測量地球與其他星體的相對速度。都卜勒效應，就是波的訊源與觀測者相對運動的時候，頻率會出現變化的現象。都卜勒效應同樣適用於光。而實際測量後，他發現來自其他星系的光，波長的確變長了。這個現象稱為紅移。

靜止的
星系

遠離的
星系

波長變長
（看起來偏紅）

紅移
觀察已知波長的氫原子特有的光後，哈伯發現無論哪個星系的光，波長都變長了。

　　而這項發現，則成為哈伯發現俗稱「哈伯定律」的宇宙大法則的契機。

哈伯定律

　　整理了星系距離和速度的測量結果後，哈伯終於發表了哈伯定律。

若一星系遠離地球的速度為v，地球與該星系的距離為R時，則$v = HR$。換言之，星系遠離地球的速度與距離成正比。

這個公式中的比例常數 H 則叫**哈伯常數**。

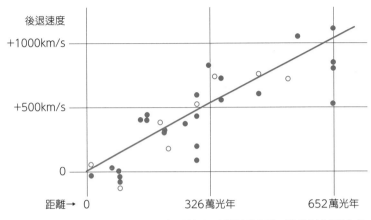

哈伯定律：哈伯算出的速度與距離的比例關係圖。距離地球愈遠，遠離的速度就愈快。

　　現代，科學家已能求出哈伯常數非常精確的數值。目前對於找不到造父變星的遙遠星系的距離，就是用哈伯定律來推算的。

宇宙在膨脹

　　那麼哈伯定律該如何理解呢？

　　在整個宇宙中，地球和太陽沒有理由比其他星體更特別。所以哈伯定律中的「星系遠離地球的速度與跟地球的距離成正比」這句話，應該改成「星系遠離彼此的速度跟彼此的距離成正比」才對。那麼這句話又是什麼意思呢？想要理解這句，大家可以準備1顆氣球。

哈伯定律的理解方式
把自己想像成停在氣球上的蒼蠅，並且沒有認知氣球外側和內側的能力。

把我們所在的世界想像成2次元（平面）而不是3次元（立體）。假

設我們都存在於2次元的世界，無法認知到這個平面下或平面上的世界。換言之，就像1隻停在氣球表面的蒼蠅。而銀河系等天體也跟蒼蠅一樣，全都停在同一個氣球的表面。

　　然後，對這顆氣球吹氣膨脹。停在下圖A、B、C三點的3隻蒼蠅，與彼此的距離便會愈來愈遠。有趣的是，3隻蒼蠅距離彼此愈遠，遠離的速度就愈快。這就是哈伯定律描述下的宇宙觀。

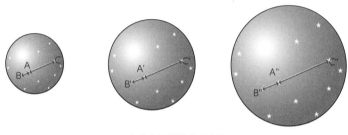

哈伯定律描述的宇宙觀

大霹靂的宇宙觀

　　那麼就讓我們假設哈伯定律是成立的，把宇宙的時間倒回去看看吧。這時，你會發現宇宙最後收縮成1個點。這就是俗稱**大霹靂**的宇宙論。認為宇宙是從這1個點爆炸誕生的模型。中間雖然經過一些修正，但現代已發現一些資料佐證這個模型的正確性。

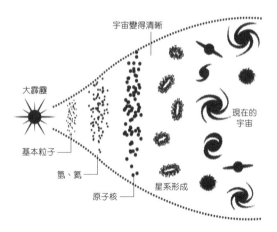

大霹靂宇宙
距今130億年前，發生了一場大霹靂。目前這個模型較容易解釋宇宙的定律。首先有能量，然後能量形成基本粒子，基本粒子又組成了原子。

哈伯之後的宇宙觀

那麼，如果宇宙就像一顆膨脹中的氣球，這顆氣球是膨脹得愈來愈慢，還是以固定速度在膨脹呢？根據我們的日常常識，大部分的人都覺得答案應該是「愈來愈慢」。因為若沒有其他外因支撐，根據我們所知的常識，在大霹靂之後，這股力量應該會逐漸減弱。然而，實際觀測的結果，宇宙的膨脹反而還在加速。所以科學家們認為，一定有什麼特別的未知能量使得空間加速膨脹。而這個「未知能量」就是最近急速受到注目的**暗能量**。目前物理學和天文學家們正嘗試各種方法，想找出暗能量的真面目。因此，近年宇宙也變得愈來愈有趣。

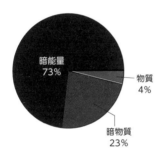

現代天文學認為的宇宙組成。暗能量是使宇宙膨脹加速的神祕能量。而暗物質則是擁有重力，但無法用光觀測到的神祕物質。

挑戰題

〔問題〕人們一直認為，宇宙不論從哪個方向來看應該都是均勻的。然而，這個假說卻會跟夜晚的天空非常昏暗的事實矛盾。請分析這是為什麼。

[解] 因為若宇宙中的星體是均勻分布的，那麼下頁圖中高度 d 的圓錐底面所含的恆星數，應為高度 1 的圓錐底面所含恆星數的 d^2 倍。

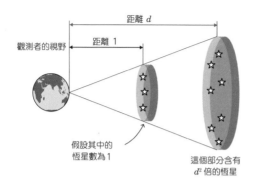

觀測者的視野

距離 1

距離 d

假設其中的
恆星數為 1

這個部分含有
d^2 倍的恆星

若假設宇宙中的星體分布是均勻的，則距離地球 d 的圓錐底面所含的恆星數量，應是距離 1 的圓錐底面恆星數的 d^2 倍。

然而，光的強度與距離平方成反比。換言之，上圖中高度 d 的圓錐底面所有恆星到達地球的光，強度都會衰減 $1/d^2$。整體來看，就相當於距離 1 的圓錐底面的恆星光強度的 d^2/d^2 = 1 倍。因此，不論 d 的距離是多遠，圓錐底面的恆星照射到地球的光強度都是 1 倍，所以夜空應該會亮得跟白晝一樣，根本沒有夜晚才對。

而解決了這項矛盾的就是哈伯定律。假設宇宙跟上面的模型一樣是均勻的，且在時間上位於固定的位置。如果愈遠的星系遠離我們的速度愈快，代表上圖中高度 d 的圓錐本身就一直在變大，所以來自遠方的光可能會變小。因此地球的夜空仍有可能是漆黑的。（答）

著者簡介

涌井貞美（Wakui Sadami）

1952年生於東京。東京大學理學系研究科碩士畢業後，先後於富士通、神奈川縣立高等學校任職，現為獨立科學作家。善於用深入淺出、簡單易懂的方式解說，頗受好評。

著有《まずはこの一冊から 意味がわかる統計解析》（ベレ出版）、《図解・ベイズ統計「超」入門》（SBクリエイティブ），並合著有《道具としてのフーリエ解析》（日本實業出版社）、《くらしの科学がわかる本》（自由國民社）、《身邊常見的現代化生活科技》（瑞昇出版）、《誰都看得懂的統計學超圖解》（楓葉社文化）等書。

大人的理科教室
構成物理・化學基礎的70項定律

2019年4月1日初版第一刷發行
2024年3月15日初版第七刷發行

著 者	涌井貞美	
譯 者	陳識中	
編 輯	劉皓如	
美術編輯	黃盈捷	
發 行 人	若森稔雄	
發 行 所	台灣東販股份有限公司	

　　　　　＜地址＞台北市南京東路4段130號2F-1
　　　　　＜電話＞（02）2577-8878
　　　　　＜傳真＞（02）2577-8896
　　　　　＜網址＞http://www.tohan.com.tw

郵撥帳號　1405049-4
法律顧問　蕭雄淋律師
總 經 銷　聯合發行股份有限公司
　　　　　＜電話＞（02）2917-8022

國家圖書館出版品預行編目資料

大人的理科教室：構成物理・化學基礎的70項定律/涌井貞美著；陳識中譯. --
初版. -- 臺北市：臺灣東販, 2019.04
320面；14.7×21公分
譯自：「物理・化学」の法則・原理・公式がまとめてわかる事典
ISBN 978-986-475-956-9（平裝）

1.物理化學

348　　　　　　　　　　108002618

BUTSURI・KAGAKU NO
HOUSOKU・GENRI・KOUSHIKI GA
MATOMETEWAKARU JITEN
© 2015 SADAMI WAKUI
Originally published in Japan in 2015 by
BERET PUBLISHING CO., LTD.
Chinese translation rights arranged through
TOHAN CORPORATION, TOKYO.

著作權所有，禁止翻印轉載。
購買本書者，如遇缺頁或裝訂錯誤，
請寄回更換（海外地區除外）。
Printed in Taiwan

TOHAN